ISO 9001:2015

第4版
内部監査の実際

上月 宏司 著

日本規格協会

まえがき

　これまでのJAB（日本適合性認定協会）のアンケート結果を見ると，半数以上の企業が，"自社の内部監査は目的を達成していない"と考えていることがわかる．これは，ISO 9001の要求事項だから実施するという義務感で運用し，その結果，内部監査の目的と効能をきちんと理解せずに，形式的な実施にとどまっているからではないだろうか．
　もともと内部監査はなぜ必要なのだろうか．
　我が国では，相変わらず異物混入（食品），傾きマンション（建設），排ガス不正（自動車），情報流失（役所），血液製剤不正（製薬）等をはじめとして，不祥事・事故の話題で世の中を騒がせている．当分の間は，多くの人々が再発防止の経緯を知っているので，問題は再発しなくなるであろう．しかし，"歴史は繰り返す"という先人の言葉にもあるように，物事は一段落すると再発防止の意図が時間とともに薄らぎ，再発防止策が後人に根づかなくなる．
　一方，再発防止が根づいたとしても組織を取り巻く環境が変わるので，その変化に対応できず発生する問題もある．例えば，談合というシステムは，最近では悪といわれているが，終戦後，道路等の日本のインフラ整備を早く効率よく進め，多くの人に仕事を提供（分配）するためにできたと聞いている．しかし，昨今のように一応のインフラが整備された中では，仕事量が大幅に減ってきている．そのような環境の変化の中では，分配のためのシステム（談合システム）は，当初の目的とは異なり，むしろ不要といわれるようになった．
　組織でも同じことが避けられない．特に仕事の進め方・管理の仕方（マネジメントシステム）について組織内のコミュニケーションや訓練が十分でないほど，仕事の遂行能力が低下しても気づかない場合が多い．ある程度運用の状況

をチェックし見直さないと，仕事の遂行能力が低下することは避けられない．

したがって，その仕事の進め方・管理の仕方が適切かどうかを確認し，仕事の遂行能力の低下を予防するために"内部監査"が必要である．

このような意図で ISO 9001 に内部監査の要求事項が盛り込まれたと考えると，当たり前の要求事項であることに気づくはずである．

日本の企業は 1950 年後半から"TQM（Total Quality Management：総合質経営，総合質マネジメント）"を推進した．当初"TQM"は，企業の体質強化と発展のためのブレークスルーとしての役割を担ったが，最近では活動がマンネリ化して，本当に役に立つのだろうかという議論も出ている．しかし，"TQM"の原点は，事実直視で結果（目的の達成状況）でプロセスを見直し，目的達成能力を高めていくことなので，もちろん，この原点を忘れずに活動すれば必ず役に立つものである．

このような中で，審査登録制度と相まって話題性の高まった ISO 9001（JIS Q 9001　品質マネジメントシステム―要求事項）(以下，ISO 9001 という.) は，何回かの改訂を経て，直近としては 2015 年 9 月に改訂され，同年 11 月に JIS も改訂された．

しかし，ISO 9001 と TQM は，目的は同じでもアプローチが異なっている．

ISO 9001 は，仕事の進め方・管理の仕方（以下，仕事のやり方という.）といった仕事を進める上での体制，すなわち，品質マネジメントシステムに対し，顧客重視を前提に組織の品質マネジメントシステムに備えていなければならない要件（留意してほしいポイント）を，組織全体の効果的な活動につながるように体系的にまとめた指針の形になっている．この指針を用いて品質マネジメントシステムを整備・強化することになる．

TQM は，問題を見つけて製品品質を向上させ，そのための仕事のやり方を標準化して運用し，品質マネジメントシステムを整備・強化していく．したがって，品質マネジメントシステムの要素である具体的な仕事のやり方をレベルアップするための考え方と手法と考えるとよい．

ISO 9001 が改訂されても，顧客第一を基本に業務を進めている企業にとっ

ては特に目新しいことはないので，品質マネジメントシステムを構築し直す必要はないと考えるかもしれない．しかし，品質問題による企業の信頼失墜の事例が多発している中，ISO 9001 の意図である外部に対しての仕事をしっかり進めていることの実証と，組織の継続的改善も含めた顧客に軸足を置いた体制の観点から，自分の組織にもこれに似た問題がないか，品質マネジメントシステムを点検・改善し，定着させるために ISO 9001 は活用に価する．

ISO 9001 の活用の中で，内部監査は大変重要な役割をもっている．内部監査は問題の発見と改善後の維持に活用し，発見された問題を TQM の考え方と手法で解決していくことが，品質マネジメントシステムを継続的に運用，改善するために大変効果的である．すなわち，内部監査で ISO 9001 と TQM を融合させることでもある．

本書第 4 版はこのような考えで，ISO 9001：2015 年版改訂を機会に，第 3 版発行後から現在までに蓄積された内部監査技術の情報等を参考に内容を見直し，

① 内部監査とはどのようなものか．
② TQM の監査と何が違うか．
③ 監査はどのように行えばよいか．
④ 内部監査のためにどのような管理技術を知っているとよいか．
⑤ どのように内部監査を活用したらよいか．
⑥ 指摘事項の原因究明と対策はどのように考えたらよいか．
⑦ これからの監査をどのように考えるか．

というストーリーでまとめた．必ずしも冒頭から読まなくてもかまわない．内部監査がうまく進まなくて困っているキーワードを目次から探し，その項目だけを読んでも理解していただけるようにまとめている．

今回の出版に当たりお世話になった日本規格協会編集制作チーム室谷誠氏に心から感謝申し上げます．

2016 年 4 月

上月　宏司

目　次

まえがき

第1章　内部監査とは

1.1　内部監査がなぜ必要なのか……………………………………………… 11
1.2　内部監査とは………………………………………………………………… 12
　　1.2.1　内部監査で行うこと……………………………………………… 12
　　1.2.2　内部監査にはコーチングの考えが必要………………………… 15
　　1.2.3　内部監査がプロセス改善の主役………………………………… 16
1.3　内部監査に必要なこと……………………………………………………… 17
　　1.3.1　内部監査に必要なこと…………………………………………… 17
　　1.3.2　内部監査員の資質と技術には何が必要か……………………… 24

第2章　TQMの中での監査の種類と内部監査

2.1　TQMにおける監査とは…………………………………………………… 25
2.2　方針管理におけるトップ診断とは………………………………………… 26
　　2.2.1　方針管理とは……………………………………………………… 26
　　2.2.2　方針管理の仕組みと特徴………………………………………… 27
　　2.2.3　トップ診断とは…………………………………………………… 30
2.3　その他の監査………………………………………………………………… 32
　　2.3.1　PLP監査…………………………………………………………… 32
　　2.3.2　製品品質監査……………………………………………………… 32
　　2.3.3　量産立上り監査…………………………………………………… 33

2.3.4　工程監査 …………………………………………… 34
　　　2.3.5　標準化監査 ………………………………………… 34
　　　2.3.6　特別監査 …………………………………………… 34
2.4　内部監査と TQM での監査の相違 ……………………………… 34
2.5　内部監査と TQM の各監査との融合 …………………………… 35
　　　2.5.1　内部監査と TQM の監査の対応 ………………… 35
　　　2.5.2　内部監査と TQM の監査の有効な活用 ………… 36

第 3 章　上手な内部監査のやり方

3.1　内部監査の手順 …………………………………………………… 39
3.2　事前準備で実施すること ………………………………………… 40
3.3　監査実施の仕方 …………………………………………………… 62
3.4　監査後打合せで実施すること …………………………………… 71
3.5　監査報告書の記載内容 …………………………………………… 71
3.6　被監査部門での監査報告書の検討 ……………………………… 78
3.7　内部監査の完結 …………………………………………………… 78

第 4 章　監査技術を身につけるために
　　　　知っているとよいこと

4.1　監査基準である ISO 9001 とは ………………………………… 79
　　　4.1.1　ISO 9001 の制定・改訂の経緯 …………………… 79
　　　4.1.2　ISO 9001 は組織の品質マネジメントシステムが備えるべき要件 …… 80
　　　4.1.3　ISO 9001 に基づく品質マネジメントシステムと TQM での
　　　　　　 品質保証体制との違い ……………………………… 82
　　　4.1.4　ISO 9001 の基本思想と 2015 年版における変更点の意図 ………… 90
　　　4.1.5　ISO 9001 の要求レベル …………………………… 95

- 4.2 品質マニュアルの目的と内容 ……………………………………… 98
  - 4.2.1 品質マニュアルとは ……………………………………… 98
  - 4.2.2 品質マニュアルの位置づけ ……………………………… 99
  - 4.2.3 品質マニュアルの内容 …………………………………… 99
- 4.3 審査登録制度とは ………………………………………………… 101
  - 4.3.1 審査登録のねらい ………………………………………… 101
  - 4.3.2 審査登録制度の考え方 …………………………………… 102
  - 4.3.3 第三者審査とは …………………………………………… 103
- 4.4 内部監査の積極的な活用 ………………………………………… 104
  - 4.4.1 ISO 9001 と TQM の融合で品質マネジメントシステムのスパイラルアップ …………………………………………… 104
  - 4.4.2 ISO 9001 の活用は TQM のルネッサンスの始まり ……… 104
- 4.5 審査登録機関による審査と内部監査との違い ………………… 106
- 4.6 内部監査で知っておいて損をしない管理技術 ………………… 107
  - 4.6.1 方針管理と日常管理の違い ……………………………… 107
  - 4.6.2 方針管理 …………………………………………………… 108
  - 4.6.3 日常管理 …………………………………………………… 112
  - 4.6.4 計測管理 …………………………………………………… 112
  - 4.6.5 5S活動 ……………………………………………………… 115

第5章 内部監査の活用の仕方

- 5.1 導入から審査登録までに実施すること ………………………… 119
- 5.2 導入準備過程での内部監査のポイント ………………………… 124
  - 5.2.1 現状把握のための活用 …………………………………… 125
  - 5.2.2 内部監査のやり方で現状把握 …………………………… 126
  - 5.2.3 内部監査のやり方で効率的な文書化の検討 …………… 129
  - 5.2.4 内部監査活用の着眼点とポイント ……………………… 133

第6章　プロセス改善につながる是正処置

6.1 内部監査での指摘事項 …………………………………………… 137
 6.1.1 内部監査での不適合事項の例 ………………………………… 138
 6.1.2 内部監査での観察事項の例 …………………………………… 141
 6.1.3 内部監査での改善課題の例 …………………………………… 142
6.2 内部監査での是正処置 …………………………………………… 144
 6.2.1 是正処置の基本 ……………………………………………… 144
 6.2.2 是正処置の具体的な手順 …………………………………… 147
 6.2.3 是正処置の評価 ……………………………………………… 148
 6.2.4 是正処置効果の確認方法 …………………………………… 149
6.3 品質マネジメントシステムがより確実になったかの評価の仕方 …… 149
6.4 是正処置の事例 …………………………………………………… 151
6.5 是正処置の日常業務への定着 …………………………………… 152

第7章　これからの内部監査

7.1 TQMとは ………………………………………………………… 155
 7.1.1 TQMの長所 ………………………………………………… 155
 7.1.2 TQMの問題点 ……………………………………………… 156
 7.1.3 TQMの誤った運用 ………………………………………… 157
 7.1.4 QCアレルギーをなくすための方法 ………………………… 157
7.2 ISO 9001に対するTQMの活用の仕方 ………………………… 159
7.3 今後の内部監査とは ……………………………………………… 163

おわりに ………………………………………………………………… 171
引用・参考文献 ………………………………………………………… 173
索　　引 ………………………………………………………………… 175

第1章　内部監査とは

　内部監査を上手に活用するためには，"内部監査がなぜ必要なのか"，"内部監査とはどのようなことをするのか"，"内部監査を行うには何が必要か"など，内部監査とはどのようなものかをまず知ることである．そうすると内部監査の意義も理解できて，義務感からの運用ではなくなってくる．

1.1　内部監査がなぜ必要なのか

　組織では，過去に問題を起こして仕事のやり方が変更になっていても，その再発防止の主旨が時間とともに薄らいでいく．問題が生じていないと"ちょっとぐらい手順を省いてもよいだろう"という気持ちが起こり，省いてしまう．そのうち問題が発生し，上司や先輩たちからは手順に決めてあるのになぜ決めたとおり実施しないのか，昔より品質意識がなくなったのではと言われることになりがちである．おそらく先輩たちも同じようなことを彼らの先輩から言われたのであろう．

　例えば，交通量の少ない交差点で大変急いでいるときには，赤信号でも左右を確認して，今回だけと横断してしまうことが多少なりともあるだろう．運よく事故がないと，徐々に信号を無視して横断するのにも注意を払わなくなり，そのうち交通事故に遭遇することになる．このようなことになると周りの人に，なぜ交通ルールを守らないのかと当たり前のように言われる．このようなケースに似ている．

　また，昨今のコスト競争の厳しい時代には，なぜ旧態依然としているのかと，当時の背景も確認せずに，問題も出ていないので全面的にその仕事を廃止した

りすることがある．更には，状況が変わり，仕事のやり方を変えなければならないのに，当人に事情が伝わっていないために相変わらず従来の手順のままに実施していたりすることがある．

このようなケースは，組織の規模が大きく，組織内のコミュニケーションが十分でない場合や，変更後の内容の訓練が十分でない場合に生じやすく，仕事の遂行能力が低下していても気がつかない場合が多い．したがって，ある程度運用の状況をチェックしないと仕事の遂行能力が低下するのを避けられないし，仕事の遂行能力を向上させようという話にもつながらない．

そこで仕事のやり方が適切かどうかを確認し，仕事の遂行能力低下を予防し，向上させるための一つの方法として内部監査がある．ISO 9001 の意図や組織内の規則・申し合わせの手順（文書化されたものとされないものとがある．）と運用状況の違いを探し出し，違いのないものは継続運用の必要性を確認し，違いのあるものは再発防止や改善を図り，仕事の遂行能力を高めていくために，内部監査は重要な方法の一つである．もちろん，規則・申し合わせの手順と運用状況に違いがなくても，目的・目標達成のためにもっとよい方法があれば取りあげればよい．問題提起の判断は，その仕事の目的達成に影響を及ぼしているかに着目することになる．いわゆる"結果（仕事の目的達成度合い）でプロセスを管理する"ことになる．

その結果，お客様の信頼を失う可能性やムダ・ムリ・ムラなどが減っていくことになる．

1.2　内部監査とは

1.2.1　内部監査で行うこと

内部監査の目的を鑑みるに，内部監査には監査という言葉がなじまないかもしれない．日本では，監査という用語は会計監査や税務監査等にも使われている．

ISO 9001 による審査登録制度が導入されてからは，監査の分類は第一者監

査(内部監査),第二者監査(アウトソース先監査),第三者監査(審査登録機関による審査)が一般的になってきている.監査のやり方が特別変わったわけではない.これまでのTQM (Total Quality Management:総合質経営,総合質マネジメント)での監査(第2章参照)及びISO 9001の内部監査を第一者監査,アウトソース先監査を第二者監査,審査登録機関による審査を第三者監査と位置づけて考えるとよい.

『大辞林』(三省堂)では,監査とは,"監督し検査すること",また,監督とは,"……行為について監視し,必要とする時には指揮・命令などを加えること",一方,検査とは,"ある基準に照らして適・不適,異常や不正の有無などをしらべること"と定義されている.内容からすると英語のinspectionに近いが,監査の英語はauditで,audienceの語源と同じである.audienceとは"聴く"あるいは,"意見や訴えなどの聴聞の機会,話を聴いてもらう機会"とあり,監査の意味は,"あらを探す,ISO 9001で要求されているから実施する"のではなく,品質マネジメントシステムを効果的に運用し,良くしていくための技術検討の場と考えるのが適切である.

監査の実施に当たっては,ISO 19011 (JIS Q 19011 マネジメントシステム監査のための指針)に基づき実施するのがよい.ISO 9000 (JIS Q 9000 品質マネジメントシステム―基本及び用語)の定義(3.13.1)で,監査とは,"監査基準が満たされている程度を判定するために,客観的証拠を収集し,それを客観的に評価するための,体系的で,独立し,文書化されたプロセス."とある.ここで監査基準とは,ISO 9000の定義(3.13.7)では,"客観的証拠と比較する基準として用いる一連の方針,手順又は要求事項."である.さらに監査証拠とは,ISO 9000の定義(3.13.8)では,"監査基準に関連し,かつ,検証できる,記録,事実の記述又はその他の情報."とある.これらから考えると,次のようなことを実施することになる(図1.1参照).

(a) どのようなことをするか
- 顧客要求,法令・規制,経営方針とISO 9001の規格[顧客の立場から組織の品質マネジメントシステムに備えていなければならない要件(留

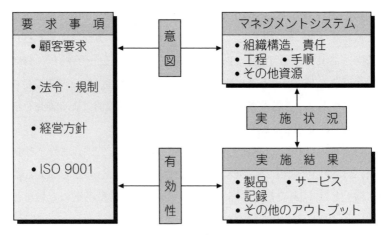

図 1.1 監査とは

意してほしいポイント）を組織全体の効果的な活動につながるように体系的にまとめたもの］の意図が考慮された品質マネジメントシステムを標準化し，必要ならば文書化（例：規格，規定，基準，手順書，作業標準，検査標準，指示書，チェックシート）する．ISO 9001：2015 では，文書化した情報としている．

- 標準化，文書化した情報で運用され，品質が良くなり，顧客の信頼が高まるように機能しているかを確認して評価する．
- 具体的には，実作業などの実態（監査証拠）と ISO 9001 や規定，基準，手順書，作業標準，検査標準，指示書，チェックシートなどの資料との違いを確認し，プロセス改善のきっかけになるかを評価する．

(b) 確認結果からどのような評価をするか

- 決めたとおりに実行されていない点を見つけた場合には，是正処置を講じプロセスの改善を図る．
- 決めたとおりに実行されているとしても見直したほうがよいと思われる場合には，その旨積極的に改善の機会として提案する．
- 良いところを見つけたら褒める．

(c) どの時点で完了したといえるのか
- この監査のプロセスは，これらの是正処置が効果的に実施されたことが確認される時点まで続ける．ISO 9001:2008 の意図が継続されている．

このように"決めたとおりにやっているか"だけでなく，"役に立っているか"，すなわち現状是認ではなく"その決め方がよいか"という着眼点で品質マネジメントシステム改善のきっかけ（問題発見）と改善を促進することが大変重要である．

1.2.2 内部監査にはコーチングの考えが必要

利害を共有する同一組織の人間が実施する内部監査では，監査側は被監査部門の状況を事前によく勉強し，"検事と被告"の雰囲気を作らないことに心掛け，よい意味で議論することが重要である．そのためには，監査側と被監査側の信頼関係が不可欠である．

まさしく，コーチング手法が役に立つ．質問は，"詰問"になってはいけない．被監査側の話をよく聞く．いわゆる，"傾聴"である．人の話を1分間黙って聞くには訓練がいる．よいところは褒める．すなわち，相手を心から承認することが必要である．

したがって，内部監査には，次の三つが基本になる．
① 監査側と被監査側の信頼関係があること．
② 改善の内容の答えは被監査側がもっていること．
③ 監査員は被監査側をヘルプするのではなくサポートすること．

監査される側としては，いろいろ立ち入って聞かれることで，あらを捜されるという気になる．そのために"検事と被告"の意識が生まれ，今から何を聞かれるのかと身構えたり，面接で質問者の意にかなう回答をしないと不合格と言われるような心境になる．このような複雑な心境から照れ隠しでも"本日は被告ですからよろしく"という切り出しをすることがよくある．また，監査をする側も先輩・上位職であることを態度に出して監査するとしたら，絶対にうまくいかない．そのためにも話合いを自然体で進行させる技術も必要である．

監査員は，自組織の品質マネジメントシステムをもっと気の利いたやり方がないかを探る"技術検討の場"だという雰囲気を作るとよい．なるほど当事者の気がつかないところをよく見つけてくれる，と被監査側からの信頼が高まる．そのためには，内部監査は各人の重要な業務の一つと考えて，事前準備にも十分時間を割くべきである．

内部監査の雰囲気作りには，冒頭に"最近何に困っているか"，あるいは，"最近何が一番の問題か"と切り出すとよい．困っていることや問題については常日頃考えているので自然に話し始めることができ，面接・口頭試問を受けているような気持ちではなくなるはずである．いわゆる，自然体でのコミュニケーションにつながるはずである．

コミュニケーションとは，"知覚"で聞く者がいなければ成立しない．さらに，期待しているものだけを"知覚"しがちである．コミュニケーションは聞く相手に何かを要求している．コミュニケーションは情報ではない．コミュニケーションは知覚の対象であり，情報は論理の対象であると，P.F.ドラッカーは，『マネジメント─基本と原則』(ダイヤモンド社，2001)で述べている．このことも頭に入れておくとよい．

1.2.3　内部監査がプロセス改善の主役

表1.1は久米均教授(元東京大学)が，以前"標準化と品質管理全国大会"(日本規格協会主催)の講演で発表された"監査の条件の強み"を比較したものである．

表 1.1 監査形式と優位性の比較

No.	項目	第三者監査	第二者監査	内部監査
1	監査対象に対する知識	×	△	○
2	監査のための情報収集力	×	△	○
3	監査の柔軟性	×	△	○
4	監査のタイミング	×	△	○
5	品質保証能力の評価	－	○	△
6	監査の客観性	○	△	×
7	監査の強制力	○	○	×

改善に結びつける上手な監査を実施するためには，次のことが基本である．
① 監査対象についてよく知っている．
② 内部監査の目的を忘れず形式的にならない．
③ 検出した問題からのプロセス改善が自組織の目的・目標達成に結びついている．

　監査対象についての知識や監査のための情報収集力，監査の柔軟性・タイミングは，何といっても自組織のことであるから内部監査は大変優位である．一方，客観性の点からすると，内部監査は手前味噌ととられたり，仲間内だからということから若干なれ合いにもなりやすく，第三者監査（審査登録機関による審査）より劣る．強制力の点からは，第二者監査（顧客による監査）である．顧客から運用状況が悪く取り引きしないと言われるのが，何といっても一番強制力がある．また，運用状況が悪く登録証の返上という不名誉さの点からすると，第三者監査（審査登録機関による審査）も強制力がある．

　第三者監査の主眼は，決めたとおりに仕事をして，目的・目標達成に適切でないときには第三者（審査登録機関）がプロセス改善の手を打っているかを確認し，規格の意図に適合しているかを評価することである．問題がなければ，世の中に ISO 9001 の要求事項に適合している組織であることを公表する役目がある．品質マネジメントシステムのレベル評価の役目はない．第二者監査の場合は他組織の情報ももっており，また直接利害関係もあるので，業界水準と市場の要求の両面から的確な評価をするはずである．

　したがって，内部監査を主体に，第三者監査や第二者監査を組み合わせていけば大変有効なものになる．

1.3　内部監査に必要なこと

1.3.1　内部監査に必要なこと

　上手な内部監査を実施するには，次のようなことを最低限熟知し，監査技術を修得する必要がある．

第1章　内部監査とは

(1) ISO 9001 の意図を理解する

ISO 9001 は，数値基準の入っているような製品に対する規格ではない．顧客重視で組織の品質マネジメントシステムが備えていなければならない要件（留意してほしいポイント）を組織全体の効果的な活動につながるように体系的にまとめたものである．全業種に適用するためのものなので，画一的にこのように読み取るという解釈規定の類は存在しない．したがって，オックスフォード辞典や広辞苑の用語の定義で逐語解釈に努めるよりも，顧客重視であることを念頭に，"解体新書"の翻訳時の話のように組織の経験や業界の常識を通じて，その意図するところを理解するようにしたほうがよい．理解に当たっては，原文とJIS Q 9001 を対比しながら読むことも必要である．

規格の一字一句の文言の解釈に努めるよりは，顧客重視で組織の品質マネジメントシステムが備えていなければならない要件（留意してほしいポイント）としてその意図をよく理解することが重要である．

次に，ISO 9001 の意図を理解するための参考に，筆者の経験で読み取った主な要求事項の意図を紹介する．

(a) "7.5　文書化した情報／7.5.1　一般"

ISO 9001 の 7.5 では，"文書化した情報"とすべきとした要求事項 "5.2.2 品質方針の伝達"，"6.2　品質目標及びそれを達成するための計画策定／6.2.1"，"7.1.5　監視及び測定のための資源／7.1.5.1　一般，7.1.5.2　測定のトレーサビリティ"，"7.2　力量"，"8.2.3　製品及びサービスに関する要求事項のレビュー／8.2.3.1"，"8.3　製品及びサービスの設計・開発"，"8.4　外部から提供されるプロセス，製品及びサービスの管理／8.4.1　一般"，"8.5.2 識別及びトレーサビリティ"，"8.5.3　顧客又は外部提供者の所有物"，"8.5.6 変更の管理"，"8.6　製品及びサービスのリリース"，"8.7　不適合なアウトプットの管理／8.7.2"，"9.2　内部監査"，"9.3　マネジメントレビュー"，"10.2　不適合及び是正処置"等に関する業務要領と自分で必要と判断した文書の作成を要求している．

"7.5.1／a) この規格が要求する文書化した情報"の意図は，これらの文書

化した業務要領はなくてもモノづくりはできるが，改善活動には，これらの機能について標準化し，文書化する必要があるからと考えるのがよい．業務要領の内容は運用する人の技能・訓練の程度を考慮すればよいともされている．一般には，新入社員や配置転換の際の教育に用いることを考えてまとめると納得性がある．

基本的に文書化は作成が目的ではない．価値を付加する活動である．そのために，自分で付加価値を考えて個々の文書化の要否を決めるようにとの示唆をしている．さらに，暗黙知を可能な限り形式知に変換して，確実な意思の疎通や技術の伝承を図ることの必要性も意図している．

さらに，"7.5.3 文書化した情報の管理"では，適合の証拠として保持する実施結果の証拠は，記録である．

(b) "品質マニュアル"

ISO 9001:2015 では，仕事の流れと分担がわかる品質マニュアルを作成するようには明記してはいないが，7.5.1 b) に含まれていると考えてもよい．しかし，ISO 9001:2008 での要求事項のようにマネジメントシステムの全貌を理解するためには効果的と考えるので，品質マニュアルの作成を推奨する．

品質マニュアルを作成するとしたら下記について留意するとよい．

- 品質マニュアルは何の目的で作成するのかを考えてみる必要がある（4.2節参照）．
- 品質マニュアルの内容から品質マネジメントシステムの構築状況が理解でき，組織固有の品質マネジメントシステムが読み手にわかりやすいかが重要である．

ISO 9001:2015 の"4.3 品質マネジメントシステムの適用範囲の決定"では，

ISO 9001

4.3 品質マネジメントシステムの適用範囲の決定

組織は，品質マネジメントシステムの適用範囲を定めるために，その境界及び適用可能性を決定しなければならない．

> この適用範囲を決定するとき,組織は,次の事項を考慮しなければならない.
>
> **a)～c)** (省略)
>
> 決定した品質マネジメントシステムの適用範囲内でこの規格の要求事項が適用可能ならば,組織は,これらを全て適用しなければならない.
>
> ……(省略).適用範囲では,対象となる製品及びサービスの種類を明確に記載し,組織の自らの品質マネジメントシステムの適用範囲への適用が不可能であることを決定したこの規格の要求事項全てについて,その正当性を示さなければならない.(以下,省略)

と要求している.

そこで,まず,適用範囲と適用できない要求事項があれば,わかりやすく明確に記載することになる.

さらに,"4.4 品質マネジメントシステム及びそのプロセス"では,組織の品質マネジメントシステムに含まれるプロセス間の相互関係(プロセスとプロセスの関連)を要求している.

上記の観点で記述内容から規格の要求事項に従って品質マネジメントシステムが構築されていることを理解しなければならない.規格の要求事項に従って品質マネジメントシステムを構築するということは,仕事の流れを受注から引渡しまでのプロセスや支援プロセス(品質方針展開,マネジメントレビュー,人的資源,継続的改善など)を抽出し,一連の順序(つながり)として整理し,規格の意図で仕事が流れる.すなわち品質マネジメントシステムが適切なプロセスのネットワークで構成されていることである.

品質マニュアルの編集の仕方や記述の詳しさについての特別な要求事項はないが,組織の仕事の進め方・管理の仕方,すなわち品質マネジメントシステムに関する一貫した情報を組織の内外に提供する仕様書として品質マニュアルを位置づけるとよい.

"品質マニュアル"を利用する人は誰であるかを考えて,上記の意図を踏ま

えて理解しやすいかという観点からとりまとめることになる．ただし，読む人の経験によって理解の仕方に幅が出ることは避けられない．

　組織外の利用者としては，組織の品質マネジメントシステムを評価するときに提供する顧客若しくは第三者審査登録機関（審査員）が考えられる．組織内で"品質マニュアル"に記載されたプロセスが日頃の業務の何に相当し，その背景にはどのような規格の意図が反映されているか理解して業務を遂行するという観点で議論できれば，結果的に社内外の読み手に組織固有の品質マネジメントシステムの理解が得やすい，利用価値のある"品質マニュアル"になるであろう．読み手にわかりにくいということは，品質マネジメントシステムの整理が十分でない可能性がある．

　このような意図で品質マニュアルを作成するのがよい．

(c) "7.5.3　文書化した情報の管理"

　文書は仕事を実施するときの情報で，規定，規格，基準，手順書，作業標準，検査標準，指示書などを対象にしている．文書は状況によって内容が変わる．そのため，実際仕事をする上でどれが適正な版であるか，発行部門に尋ねればナンバリングの管理台帳又は特定のファイルで確認できるように，変更が生じたときは十分検討して経緯もわかるようにしてほしいとの意図である．一方，文書化した情報の中でも実施した証拠となるものが記録で後で変更することはない．同じ書類が文書と記録の両面の性格をもったものがあるが，文書化した情報の中で文書と記録の意味の違いをよく理解しておくことが必要である．

(d) "5.1　リーダシップ及びコミットメント"

　顧客の立場からすると，供給者である経営者の姿勢が大変気になるはずである．経営者の品質に対するコミットメント（熱い思い）と従業員の品質活動に関するリーダシップが期待されるので，そのことが見える形にすることを5.1では意図している．

(e) "8.1　運用の計画及び管理"

　顧客との仕様の打合せから製品の引渡し，引渡し後の修理・点検までの関連する必要なプロセス（営業，製品開発，購買，生産管理，工程管理等の仕事の

流れ）を構築して仕事を進めてほしい．また，必要があれば業務要領を作成して，個々の製品・プロジェクト・契約特有の仕様書，QC 工程表，検査基準書（これらを品質計画書と位置づけている．）なども作成して確実に実行することをこの要求事項では意図している．すなわち，その組織固有の製造又はサービス提供に関連する全プロセスネットワークを構築し，運用するようにとのことで，汎用性のある要求事項である．単に ISO 9001 の 8.2〜8.7 を総括したものではない．8.2〜8.7 は，全プロセスネットワークの要(かなめ)のプロセスだけを取りあげていると考えるとよい．

(f) "**8.2 製品及びサービスに関する要求事項**"

8.2 では，顧客から頼まれた内容を含めて，何が顧客の期待とニーズかよく考えて，それに対して自組織では品質，価格，納期などの対応が可能かをよく検討，確認し，後で顧客に迷惑をかけないように確実に実施してほしいことを意図している．

(g) "**8.3 製品及びサービスの設計・開発**"

専門技術に関することではなく，製品の設計・開発を推進する手順に基づいて確実に実施するようにとの要求である．まず，推進の計画と担当を決め，状況が変わったら更新をしながら進めてほしい．他部門の関連も文書でやりとりをして，認識の離齟(そご)を生じないようにする．設計を始める前に必要な資料は何かよく確認した上で設計に着手し，設計中の机上検討や品質確認の検討も計画的に関連する専門家で実施する．設計部門の図面や検査の基準などのアウトプットも品質の確認ができるように技術用語にする．さらに，顧客の使用条件での品質確認も忘れることなく行う．いったん設計として確定した後の設計変更は，関連部門との調整，副作用の有無などよく検討して，場合によっては再度"設計管理"の要求事項を繰り返し実施して，問題を起こさないようにすることをこの要求事項では意図している．

(h) "**8.4 外部から提供されるプロセス，製品及びサービスの管理**"

アウトソーシングする素材・部品・加工品・工程に直接関わる物流・サービスに関する役務などのプロセスについても，品質を確実にすることを期待して

1.3 内部監査に必要なこと

いる．そのために，最終製品との関わりを考えて供給者を評価し選定すること，発注に当たってはどのような内容のもので，検査すべきことは何かを文書で明確に伝えることを意図している．

(i) "8.5.2 識別及びトレーサビリティ"

"識別"は作業現場で指示内容と現物が一緒であることや，不適合品が絶対次工程に流れないように，検査前か，検査が完了しているものか，完了しているとすれば適合品か不適合品かわかるようにすることが重要である．そのために，現物は荷札，置き場所，看板など，どのような品物であるかわかるようにしてほしいという意図である．これまでの現場での見える"5S活動"そのものでもある．

(2) 自組織の品質マニュアル（含む文書化された情報）をよく理解する

ある企業の出荷場で，製品Aのラベルを見たらロット番号，製造番号や製品の主要仕様などが記載されていた．そこで"この製品はどの顧客に出荷するものか，どこを見ればわかるのか"と質問したが，これは主要仕様を見れば誰でもわかるという回答であった．ところが，出荷指示をする部門では実は主要仕様を見てもわからないので，出荷場の担当に聞いて都度出荷指図書を作成していることがわかった．このような仕事のやり方を，監査に同行した管理者は初めて知った．その管理者は，ところで品質マニュアルには何と記載されているのか，しげしげと確認していたことがあった．

このようなことがないように，どのような仕事のやり方になっているのか，その仕事のやり方は規格の意図を汲んでいるかを熟知していないと有効な内部監査はまずできない．そのためにも，ISO 9001の規格の意図を留意した仕事のやり方を取りまとめた自組織の品質マニュアルを理解していることは不可欠である．

(3) 監査技術を身につける

上手な内部監査を実施するためには，オーソドックスな監査のやり方を知っておくべきである．第2章で述べるTQMの中での各種監査は，各人の経験に依存することが多い．ISO 9001の思想からすると，ISO 19011をガイドにし

たものを身につけておくとよい．しかしながら，これはスポーツのルールのようなもので，ルールを熟知した後は何回も実践を繰り返すことによって，自組織にあった内部監査の技術を確立していくべきである（第3章参照）．

(4) 指摘した内容に対して積極的に意見を述べる

自組織にとって何が重要か，何がリーズナブルな仕事のやり方か，何が顧客の信頼や自組織の経済的な品質マネジメントシステムのレベルアップにもつながるか，などのプロセス改善の意見も述べられないと被監査側の信頼は得られない．そのためにも，監査員は国際的な要求を満足する効果的な品質マネジメントシステムを作る仕掛け人となるつもりで研鑽すべきである．

1.3.2　内部監査員の資質と技術には何が必要か

内部監査では，監査員が被監査側から信頼を得ることが成功の秘訣である．またあの人に監査をしてほしいと言わせる資質と技術が必要である．効果的な監査のために必要と思われる資質と技術を列挙してみる．

① 自社の品質マネジメントシステムを良くしていこうとする意欲がある．
② 現状是認型ではなく，もっと良い方法がないかを常に考えている．
③ 自分の知識，経験，立場などを見せびらかさない．
④ 知らないことは謙虚に質問できる．
⑤ 監査は品質保証部だけの仕事ではない．監査員は品質マネジメントシステム改善の仕掛け人という自認がある．
⑥ 生真面目で率先垂範できる．
⑦ 自分の意見をもっている．
⑧ 聞き上手で，被監査側が積極的に実施内容を紹介する気になる．
⑨ 被監査側の役に立とうと常に考えている．
⑩ 事象だけで，思い込みの判断をせず，本質的な問題を把握する．
⑪ 品質管理を理解していて，品質管理の実践経験がある．
⑫ 5W1Hでメモをとり，情報の整理ができる．

第2章　TQMの中での監査の種類と内部監査

　審査登録制度は，自社の歴史と経験をもとに仕事の決まりを明確にし，ISO 9001の意図で見直し，その決まりを守って仕事をし，その結果品質問題が発生したり，あるいはもっと合理的な仕事のやり方がある場合に，それらの決まりを見直し改善するシステムであるかを審査するものである．この見直し改善が，品質マネジメントシステムのレベルアップにつながる．見直し改善には，ISO 9001の意図するところを十分に理解し，これまでに経験してきたTQMの考え方と手法を活用することが非常に有効で，そのためには内部監査の運用が大変重要であることを第1章で述べた．

　ISO 9001で要求されている内部監査がTQMの中に全くなかったわけではない．例えば，表2.1に示すような類似の方法がある．品質マネジメントシステムのレベルアップのために，TQMでの監査と内部監査を融合させるのも大変効果的である．

表2.1　TQMでの監査の種類

No.	監査名	No.	監査名
1	トップ診断	5	工程監査
2	PLP監査	6	標準化監査
3	製品品質監査	7	特別監査
4	量産立上り監査		

2.1　TQMにおける監査とは

　まず，TQMの中での主な監査を列挙すると，表2.1のようなものがある．組織によってはこれ以外の監査も実施しているかもしれないが，代表的なもの

として整理してある.

　組織繁栄のために"顧客第一","品質第一"をモットーに,仕事のやり方を工夫して,経済的な品質マネジメントシステムを構築,運用していくのが,TQMの真髄といわれている.

　仕事を進めるに当たって,現状を打破してステップアップするために,重点指向によってテーマを選択しPDCAを回しながら改善・改革して目標を達成する活動を,TQMでは一般に"方針管理"といっている.PDCAとは,Plan-Do-Check-Actの頭文字を表したものである.

　一方,業務分掌に従ってSDCAを回し,水準を維持し安定した仕事を進める活動を,"日常管理"と称している.SDCAとは,Standardize-Do-Check-Actの頭文字で表したものである.実際,それらを進めるに当たっては様々な問題に直面するであろう.専門技術を基盤としてそれらの問題を解決するために,その専門技術を整理し有効に活用するための考え方と手法として,品質管理,IE (Industrial Engeering),VE (Value Engeering) などがある.

　このような中で,"トップ診断"は"方針管理"のシステムに,また"PLP監査","製品品質監査","量産立上り監査","工程監査","標準化監査","特別監査"などは"日常管理"のシステムに組み込まれていて,それぞれ対象の仕事がうまくいっているかどうかを点検して,見直し改善を促進する役割をもっている.

2.2　方針管理におけるトップ診断とは

　トップ診断は,TQMの中で方針管理のシステムの一環として活用されてきた.そこでまず,方針管理の中でのトップ診断の位置づけを考えてみる.

2.2.1　方針管理とは

　家族で海外旅行をしようとしたとき,ねらい(世界遺産なのか,リゾートなのかなど)を含めて具体的な日程(皆の都合としていつがいいか),費用(貯金から考えどの程度にするか),旅行代理店(J社にするか,H社がいいか)

などを調査し，検討して，決めなければ実現しない．

　方針管理はこれに似ている．まず，組織の目的・目標を達成するための方針を策定して，従業員に示達する．方針を展開し，活動計画で具体的な行動の予定を立てる．その活動計画に基づいて活動を実施する．そして，その活動の結果を評価し，次期方針へフィードバックするという PDCA のサイクルを，全社という大きな単位から従業員一人ひとりという小さい単位まで各レベルで回し，その仕組みをレベルアップしていくことである（図 2.1 参照）．

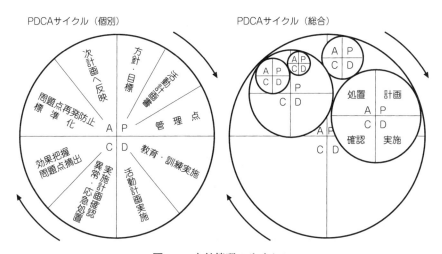

図 2.1　方針管理のサイクル

2.2.2　方針管理の仕組みと特徴

　方針管理の仕組み（体系図）を図 2.2 に示す．方針管理を導入してもなかなか成果が出ないという話をよく聞く．成果を上げるためには，"方針管理とは企業の問題解決能力とコミュニケーションの向上を図るものである"との認識が必要である．また，この特徴は次のとおりである．

① 経営戦略と結びついた中長期及び年度の各種目標を達成するために，今何をすべきかの指針・責務と重点方策を明確にしていること．この内容が革新的でないと日常管理とあまり差が出なくなる．経営と結びついた方針

第2章 TQMの中での監査の種類と内部監査

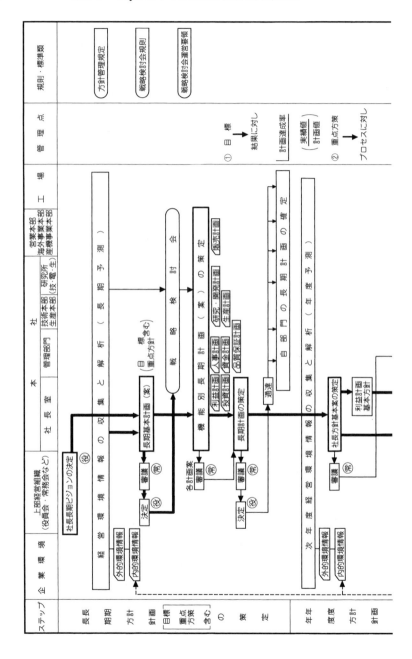

2.2 方針管理におけるトップ診断とは

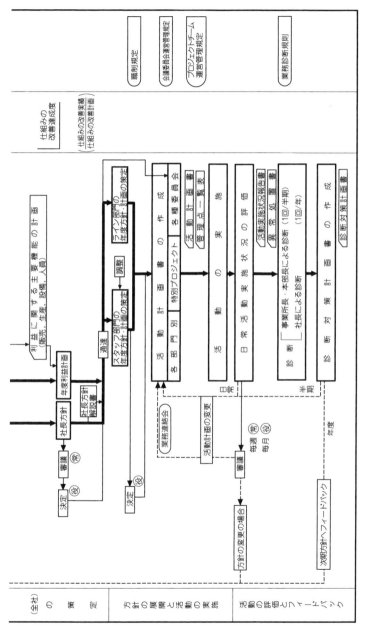

図 2.2 "方針管理"管理体系図の例

管理としては，従来の方針管理の考え方に経営戦略立案のための戦略思考や方法を統合した研究成果が『TQM 時代の戦略的方針管理』（長田洋編著，日科技連出版社，1996）として紹介されている．

② 諸活動は，中長期の方向づけのもとに立案された年度ごとの計画に基づき，具体的に推進されていること．方針から計画に展開するときには，品質管理の特性要因図や機能系統図は大変役に立つ．

③ しかも全ての活動は，上級方針だけではなく，機能別の方針も織り込みながら部門別の活動計画に基づいて具体的に推進されること．

④ 活動に対する評価は，日常の活動，会議体だけではなく，半期又は年度ごとの事業部長診断・社長診断（一般にトップ診断あるいは業務診断という．）で評価し，フィードバックすること．

⑤ 診断は，計画時に策定した重点方策がどのように実施されたかを中心に進められていること．

ISO 9001：2015 の箇条 4 〜 6，9 の意図は，まさしく方針管理の考えと変わらない（図 2.3 参照）．

2.2.3 トップ診断とは

(1) 診断の目的は何か

一般に重点活動についての診断は，次のようなことを目的としている．

① 目標をどのようにして達成したかを確認する．
② トップとのコミュニケーションの機会を与える．
③ トップの視点から問題解決を図る．
④ TQM の考え方が業務の進め方に適用されているかを確認する．

すなわち，各部門の組織・機能が日常業務において経営の基本方針に準拠して運営されているかどうかを把握，評価し，併せて診断側と被診断側相互のコミュニケーションの円滑化を図ることといわれている．

(2) 診断はどのような手順で行うか

通常は，表 2.2 に示す手順で実施している．

2.2 方針管理におけるトップ診断とは

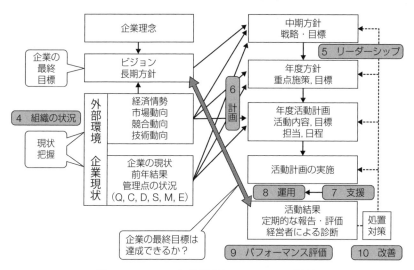

図2.3 TQMの方針管理とISO 9001の類似

表2.2 診 断 の 手 順

実施事項	内　　　容
テーマの設定	① 社長方針・事業部長方針のうちの重点方策 ② 前年度診断時の重点指摘事項 ③ 内外の情勢より判断して，診断が必要と考えられる重点項目などをもとに，被診断部門の要望も勘案して設定
実　　施	① 被診断部門は，診断テーマについて実施状況，成果及び問題点，今後の計画について，説明資料，並びに補足資料を用い，説明する ② 現場部門を有する被診断部門については，現場診断を適宜実施する ③ 診断者は，説明内容に対する疑問点を質問・解明し，被診断部門に必要な指示，助言，勧告を行う
対策計画書の作成とフィードバック	被診断部門は，診断時の指摘事項及び講評を中心として問題点を摘出整理し，対策を立案し，これを対策計画書にまとめ，その実施を推進する
全社的なフォロー	対策計画書の内容をもとに，重要度に応じ経営会議に改善状況を報告させる その内容を経営・機能・部門の問題に層別して，次年度の方針・活動へフィードバックする

(3) トップ診断の役割は何か

前述のように，トップ診断はトップの方針を具体的な行動の手順に展開し，その実行のプロセスと結果について診断し，経営・機能・部門に対して次年度の方針・活動のためにフィードバックする役割といえる．ISO 9001 の"9.3 マネジメントレビュー"の要求事項に応えたものである．

これは，結果でプロセスの管理の仕方を見直している進め方であるが，時折結果（成果）のみを管理すると部下に方針管理アレルギーを起こすので注意する必要がある．

2.3 その他の監査

組織の課題達成や大きな問題解決のための"方針管理"で課題達成・問題解決した後，その結果を標準化し，維持していくための"日常管理"がある．その手順を図 2.4 に示す．トップ診断以外のそれぞれの監査は，いずれも"日常管理"をうまく進めるためのものである．

2.3.1 PLP 監査

PLP 監査とは，次のような PLP（Product Liability Prevention：製品責任予防）に関する業務について，決められたとおりに実行しているかどうかを確認することである．

① 社内 PLP 規則の順守状況，法規制の順守状況を確認する．
② 関係会社，協力企業，ディストリビュータなどの PLP に関する業務の実施状況を確認する．
③ 保安部品のトレーサビリティを確認する．これは ISO 9001 の"8.5.2 識別及びトレーサビリティ"に対する活動といえる．

2.3.2 製品品質監査

製品品質監査とは，市場導入した新商品に関して顧客満足度，量産立上り品

2.3 その他の監査

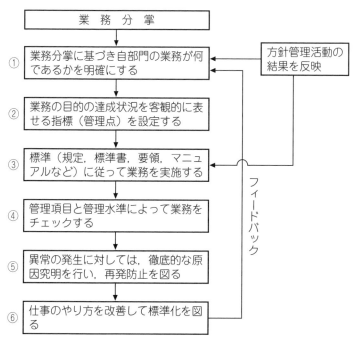

図 2.4 日常管理の手順（概要）

質，顧客の意見等の情報を評価して，問題点への対策と今後の製品改良及び品質システムの改善に役立てることである．この監査は，結果の分析に基づく製品改良と品質システムの改善を目的としたものなので，むしろ監査というよりは ISO 9001 の "10.2 不適合及び是正処置" に対応する活動といえよう．

2.3.3 量産立上り監査

量産立上り監査とは，量産製品発売前に，残されていた問題が全て解決されて，量産製品に確実にフィードバックされているかを確認することで，量産立上りに実行すると決めたことがそのとおり実行されたかを確認することである．これは量産立上り直前の，主に ISO 9001 でいう "8.3　製品及びサービスの設計・開発"，"8.4　外部から提供されるプロセス，製品及びサービスの管理"，

"8.5 製造及びサービス提供","8.5.4 保存","8.7 不適合なアウトプットの管理"などに関連するプロセスの内部監査に類似している.

2.3.4 工程監査

工程監査とは,製造工程が標準どおりに実行,維持されているかを確認することで,主なものに熱処理監査などがある.これはISO 9001の"8.5 製造及びサービス提供"の内部監査に類似している.

2.3.5 標準化監査

標準化監査とは,再発防止のための各種標準化の計画が具体的に進められ,日常の活動にフィードバックされているかを確認することである.これはISO 9001の"10 改善"の内部監査をもっと掘り下げたものといえる.

2.3.6 特別監査

特別監査とは,重大不具合が発生した場合の対策と再発防止状況を確認することである.これは,重大不具合に関連した前述の各監査が組み合わされた監査といえる.

2.4 内部監査とTQMでの監査との相違

ISO 9001の"5.2 方針"及び"6 計画"は,TQMでは"方針管理"のシステム運用,ISO 9001の"4.4 品質マネジメントシステム及びそのプロセス"はTQMでの品質マネジメントシステム(業務フローと規則・標準・各種実施計画など)とその確実な運用で十分に要求に応えられる.

特に,ISO 9001の"8 運用"及び"9.1 監視,測定,分析及び評価"の要求事項は,TQMでは"日常管理"を整理することで,これらも対応可能である.

したがって内部監査は,方針管理と日常管理がうまく実行されているかをよ

くウォッチしなさいという見方もできる。

　ISO 9001 の内部監査では訓練された人が計画的に実施し，そこでの指摘事項が十分に成果を上げていることを"客観的証拠"で確認するまで実施するように要求している．内部監査のやり方については，ISO 19011 に指針が述べられている．第三者登録機関のプロの技術も参考にすることができる．なお，審査登録システム上からも，内部監査は継続しなければならない．

　一方，従来の TQM での監査は，それぞれ監査のねらいを絞ったものである．このように TQM の場合は，目的別に監査が決められていて大変わかりやすい．しかし，その実施に当たっての監査技術についてはあまり議論されていない．特に，トップ診断については，標準的な診断技術として一般に広く認められたものはなく，往々に我流で権威主義になることがある．このような場合，ある活動をまだ実施中で結果が出ていないにもかかわらず頭の中で考えた結果を報告したり，まだ計画を立案したばかりなのにあたかも実施中のような形で診断を受けることになると最悪である．これでは形式が先行して成果が上がらず，トップ診断は本当に役に立つのかという議論も出てくる．

　それ以外の TQM の各監査についても，よいところだけを資料にまとめたものをもとに議論したり，現場についても被監査側の準備したところだけを見て安心しているケースがある．また，監査する人に専門性があり，社内では一目置かれている人の場合は問題ないが，影響力の少ない人の監査の場合はその指摘事項に対して積極的に対応していないケースもある．継続性についてはその企業の独自性に任されていて，なかなか継続するのが難しい．

2.5　内部監査と TQM の各監査との融合

2.5.1　内部監査と TQM の監査の対応

　表 2.3 は ISO 9001 の監査システム（内部監査，マネジメントレビュー）と TQM での監査を対比したものである．前述のように，TQM の監査はどちらかというとねらいを絞って実施している．一方，ISO 9001 の内部監査は"監

表 2.3 ISO 9001 の監査システムと TQM での監査の対比

TQMの監査	内部監査	マネジメントレビュー
トップ診断		○
PLP監査	○	
製品品質監査	○	○
量産立上り監査	○	
工程監査	○	
標準化監査	○	
特別監査	○	○

査の機能"を定義している．トップ診断とマネジメントレビューはほぼ同じ役割であるが，トップ診断には指導的要素が含まれている．

2.5.2 内部監査と TQM の監査の有効な活用

まず，従来の各監査は品質マネジメントシステムのどのプロセスを対象にしているかを整理して，品質マニュアルに内部監査の手順として記述する．ISO 9001:2015 で品質マニュアルとしての要求はないが，品質マネジメントシステムの全体を把握するため有効である．品質マニュアルは文書化した情報の一つとなる．以下，ISO 9001:2008 と同様に品質マニュアルを前提に説明する．品質マニュアルを作成しない場合は，関連する"文書化された情報"と読み替える．

そして，内部監査の対象を，

- 新商品の市場導入直前ならば，量産立上り監査の対象プロセス
- 製造品質にちょっと問題がある時期ならば，工程監査の対象のプロセス
- 標準改訂の進みが悪い時期には，標準化監査対象のプロセス

を重点にするなどして，その時期に困っているテーマを軸に内部監査を実施すると，問題解決に直結するため，被監査部門の協力が容易に得られやすい．

一方，ISO 9001 の"9.3.2 マネジメントレビューへのインプット"では，マネジメントレビューのインプット情報にすることとあるように，内部監査の結果の議論やトップ診断技術の議論を行い，その上で PDCA を回すと大変効

2.5 内部監査と TQM の各監査との融合

果がある．

　このような理解に基づいて議論していくと，これまでの TQM は古いとか，創造性を生まないものだというアレルギーを感じさせないで，自然と TQM の考え方と手法を活用できることになる．

　このような活動と審査登録制度を利用していくと，必ず ISO 9001 を超えた源流への広がりもでき，ISO 9001 も満たした，日本流の経済的で国際的な品質マネジメントシステムの構築が可能である．

　世の中は非常に変化が早い．ビジネスモデルもスピード化，グローバル化，更には，技術革新と環境問題に直面している．これらに対応できない組織は 21 世紀には生き残れない．従来のピラミッド型組織では中間管理職は現場での状況を分析し，トップへ報告し，トップの指示を現場に展開する役割であったが，IT 化によって中間管理職の存在が無意味になりフラット化や工場再編など組織が変化している．

　21 世紀の経営環境の中で，これまでの方針管理，日常管理，QC 七つ道具，新 QC 七つ道具など，従来の管理技術手法が有効に働かなくなってきている．これは，今までのような管理技術手法では経営指標改善への対応が困難になってきたということでもある．例えば，エレクトロニクス関連の企業で，従来の方針展開の方法では悠長すぎるといわれたことがある．スピードの早いこのような業種では，半年先のことがわからないから，方針管理の根本である中長期計画などピンとこない．したがって，半年先の予想をして，短期間を意識したトップの戦略・方針が出ても，スピード化の中での展開のやり方，方針が変更した場合の対応の仕方にはかなりの工夫がいる．また，細かいことかもしれないが，方針管理で活動計画の綿密な帳票を決めて，粛々（しゅくしゅく）としてスケジュール管理するのは，昨今のスピードについていけなくなり，徐々に形骸化していく．このような管理技術の具体論についても工夫していけば，ISO 9001 の内部監査も TQM の監査もより有効なものになる．

第3章 上手な内部監査のやり方

第1章では，内部監査の意義を知ることが重要であること，また，第2章では，TQMの中での監査とISO 9001での内部監査は何が異なるのか，それらを融合するのが望ましいことを述べた．第3章では，ISO 19011の指針に基づき具体的にどのように監査したらよいのかを述べる．

3.1 内部監査の手順

ISO 9001の"9.2 内部監査"を考慮すると，内部監査での監査員が行うことは次に示す七つのステップで考えるとよい．

① 事前準備（対象職場の上司から職場の問題・課題とその対応についてインタビューし，その問題解決・課題達成のために，どこが弱いプロセスかを想定したか．）
② 監査作業の実施（主観的な問題提起になっていないか．）
  ・監査の開始（検事と被告ではない．リラックスさせられたか．）
  ・監査の実施（改善のきっかけはつかめたか．）
  ・監査結果の検証（3現主義からの適切な問題提起になったか．）
③ 監査後の打合せ（納得してもらえたか．）
④ 監査報告書の作成（監査基準に対してわかりやすい指摘の記述になっているか．）
⑤ 被監査部門での監査報告書の検討（プロセス改善になりそうか．）
⑥ 是正処置の実施（プロセス改善案を果敢に実施できたか．）
⑦ フォローアップの実施（プロセスの改善で再発防止はできたか．）

3.2 事前準備で実施すること

（1） 事務局の事前準備
（a） 内部監査の運営の手順を文書化する

ISO 9001 の"9.2 内部監査／9.2.2"では，"頻度，方法，責任，計画要求事項及び報告を含む，監査プログラムの計画，確立，実施及び維持．監査プログラムは，関連するプログラムの重要性，組織に影響を及ぼす変更，及び前回までの監査の結果を考慮に入れなければならない．"等，実施すべき事項がa)～f)に明記されている．

内部監査員と被監査側が実施内容について共有しなければ，有効な内部監査にはならない．また，"文書化した情報"にしなくても，製品・サービスの提供プロセスと直接関わらないので，実施しなくても製品・サービスの提供は可能である．しかし，内部監査プロセスの改善を進めるためのスタートラインにもなる．内部監査プロセスには，事務局業務のプロセスも含まれる．事務局業務についても毎年運営の質が向上したかを考えることは意義がある．そのためにも運営の手順を"文書化した情報"に加えるのがよい．

（b） 監査の形式を選定する

内部監査の形式には，二つある．一つは，機能部門を特定し要求事項の順守状況を監査するもの，もう一つは，ある製品又は部品をサンプリングし，契約，受注，設計，製造から出荷までのプロセスを順に追跡し監査するものである．初期の段階では，前者の方法で進めるのがよい．しかし，問題の確認に少し手間のかかるのが難点であるが，後者も効果がある．

（c） 監査実施計画を立案し，監査メンバを選任する

審査登録の取得準備段階では，品質マネジメントシステムの現状把握や定着のために組織の全部門を対象に実施計画（監査形式，監査部署，機能対象，実施日時）を立案することになる．審査登録後，一応定着したと思われる段階では，監査対象にする業務内容やその職場の状態，重要性や前回の監査結果を考慮して計画するのがよい．規格では必ずしも全部門同じ時間で総花的に実施す

ることを要求しているわけではない．監査は何のために実施するのかをよく理解して，実施計画を立案するとよい．

監査メンバは2，3名がよい．かつて次のような事例があった．

勉強も兼ねて，監査チームのメンバを5，6名選任したところ，自分は仕事で都合がつかないが，誰かが参加してくれるだろうと思って，結局1，2名しか集まらずうまくいかなかったことがある．実際の監査では質問しながら記録しなければならないので，2，3名が適当である．当然，その中でリーダ，すなわち取りまとめ役を決めておく必要がある．

(2) 監査メンバの事前準備

事前によく勉強せず，ぶっつけ本番でやったのでは抜けが生じ，被監査側からの信頼もなくなる．チェックシートの作成を怠ると，提示された資料を見て，さて次に何を聞こうかと思案しなければならず，相手の信頼を失うことにもなる．そして，結局，どのように仕事が進められているかなど，被監査部門の状況を把握するだけに終わり，被監査側で気がつかないところまで踏み込んでの質問や，客観的証拠の確認には至らず，せっかくの内部監査も無意味なものになってしまう．

このような不具合を防止し，適切な監査を効率的に実施するためのツールとして，チェックシートは不可欠である．監査技術をレベルアップするためにも，チェックシートで監査のシナリオを描いてシミュレーションをすることは大変重要である．

どのプロセスから確認していくかは，品質会議や生産会議等での管理指標の推移の分析から自組織の強み・弱みの評価と，被監査部門の上司に自部門の問題・課題は何かをインタビューし，その中から重点監査テーマを決めるとよい．

チェックシート作成の手順を次に示す．

① 品質マニュアル，規定などの関連書類をよく読んで，被監査側の仕事のやり方を把握する．被監査部門の上司に自部門の問題・課題は何かをインタビューし，過去の問題・宿題のレビュー結果や必要な書類など確認する．

② ①のデータから今回どこを重点に監査するかの方針を決める．

③ 分担を決める．

④ 品質マニュアルから監査対象業務のプロセスを読み取り業務フロー図を作成する．その業務フローの目的は何で，それが達成したかは何で判断すればよいかを確認しておく．

⑤ 業務フロー図で摘出された業務の流れが不明な箇所，部門間の業務のつながりが不明確な箇所では何を確認したらよいか，どのようなもので確認するかを整理して，具体的にどのように質問していくかをチェックシートにまとめる．

(3) チェックシートの利点

チェックシートとは，具体的に確認調査する際にヒヤリングするためのシナリオであるが，チェックシートを見ながら内部監査を実施するということではない．事前の準備段階で被監査部門の固有条件を理解し，質問のやりとりをシミュレーションするときに用いる．どんなことを聞くとどのような資料が提示されるか，又はどんな作業で確認できるか，その提示された情報や確認された作業をもとに更にどのような質問をするか，そうするとまたどのような資料が提示されるか．

このようなことを連鎖的にやりとりし，当初確認したいと考えた業務内容の実態を事実関係で追跡するシミュレーションをしてみるのに，チェックシートの作成作業は大変有効である．

チェックシートそのものには，次のような利点もある．

① 監査時間の節約を図ることができる．

② 重要な質問項目の抜けを防止することができる．

③ 一度作成すればそれ以降の監査の際には修正だけで済み，また，これを改善していくことで，チェックシートの標準ができる．

④ チェックシートを作成することは，囲碁や将棋の先を読むことに似ており，一種の監査のシミュレーションを実施することになる．したがって，その過程で，サンプルサイズや具体的な確認方法の決定など事前準備を効果的に実施することができる．

⑤ 監査技術が向上する.

　チェックシートのほかに,チェックリストというツールもある(表3.1参照).チェックリストの目的は,規格の意図や品質マニュアルの内容を抜けなく聞いているかをチェックすることにある.ただし,チェックリストで監査するとイ

表3.1　チェックリスト

規格の規定事項		チェック項目
章・項	要求要素	
8.2.2 製品及びサービスに関する要求事項の明確化 (品質マニュアル　5.2契約,受注処理,販売計画,生産計画)*	①要求事項を決める	1. 製品に対する顧客の要求事項は明確か 2. 製品の黙示の要求事項,若しくは常識的な要求事項はあるか,その内容は明確か 3. 製品に対する法令・規制要求事項はあるか,その内容は明確か 4. 製品に対する組織自らが決めた規定事項はあるか,その内容は明確か
8.2.3 製品及びサービスに関する要求事項のレビュー (品質マニュアル　5.2契約,受注処理,販売計画,生産計画)*	①要求事項を確認する	1. 製品に関わる全ての要求事項・法令・規制要求事項を収集する仕組みはあるか 2. 顧客の要求事項の入手の仕組みは明確か 3. 製品に関わる全ての要求事項・法令・規制要求事項の確認の手順と社内への展開の手順は明確か
	②要求事項の確認は,契約・受注前に行う	1. 製品の要求事項の確認時期と正式受注の時期は明確か
	③要求事項は次の観点を満たす ・受注前に要求事項との差異が解消している ・要求事項を満たす工程能力がある	1. 引き合い段階と受注時点に差があるときの調整方法は明確か 2. 工程能力は把握し,管理状態にあるか 3. 要求事項に対して工程能力が不足しているときの顧客との調整の方法は明確か
	④要求事項の変更時,文書修正と内部連絡をする	1. 要求事項の変更情報の入手・確認の方法は明確か 2. 要求事項の変更時の文書修正・内部連絡方法は明確か

* 表3.3 (48ページ) 参照

エスかノーかのやりとりにとどまり，実態に踏み込んだ確認はできないおそれがある．

(4) チェックシートの作成はどうするか

ISO 9001 の "4.4 品質マネジメントシステム及びそのプロセス" は，規格全体を要約した内容なので，監査では全体を確認した後に判断できる要求事項である．また，"5.1 リーダシップ及びコミットメント／5.1.1 一般" では，品質マネジメントシステムに関するリーダシップとコミットメントを実証することが要求されている．具体的には a)～j) まである．さらに，"5.1.2 顧客重視" では，顧客重視に関するリーダシップ及びコミットメントを実証することが要求されている．具体的には，a)～c) まである．これは全ていろいろな活動の状況を総合して判断することになる．

"7.5 文書化した情報／7.5.1 一般／a) この規格が要求する文書化した情報" とある．この規格が要求している文書化した情報の一つに "5.2.2 品質方針の伝達" があり，この箇条の要求事項の中で確認することになる．このように，基本的考え方とそれに対する各論の構造になっている箇所が多々ある．基本的な考え方の部分と各論の要求事項との関連を理解していることが重要である（図 3.1 参照）．

このようなことに留意して作成する必要がある．

事務局の指示や監査チームの方針から，監査対象の上司から自部門の抱えている問題・課題に対してどう対応しているか事前にインタビューし，どのような業務機能を確認するかを決まったら，その内容が品質マニュアルのどの部分に該当するかを明確にして，まず業務経路図（フロー図）を書いてみる［3.2節(5)参照］．このフロー図から業務の流れ（プロセス）の不明確な箇所，部門間の業務のつながりが不明確な箇所を摘出し，プロセスを理解し，目に見える情報（客観的証拠）は何か，プロセスとして重要な箇所は何か，どのような質問をするかを箇条書きにする．既にフロー図があれば，新しく作成せずとも，それを利用すればよい．

そのプロセスが目的をどの程度達成しているかについて，何で見るかも確認

3.2 事前準備で実施すること

```
4.4 品質マネジメントシステム及びそのプロセス
4.4.1 …(略)… 組織は，品質マネジメントシステムに必要なプロセス
    及びそれらの組織全体にわたる適用を決定しなければならない．(略)
  ┌ 5.1 リーダーシップ及びコミットメント
  │     5.1.1 一般
  │     5.1.2 顧客重視
  │
  ├ 5.2 方針
  │     5.2.1 品質方針の確立
  │     5.2.2 品質方針の伝達
  │
  ├ 9.3 マネジメントレビュー
  │     箇条 5, 6 からのデータが主にインプットデータとなるので，
  │     箇条 5, 6 とのつながりで確認．
  │
  └ 8 運用
```

図 3.1 要求事項の体系

しておく必要がある．

(a) ポイント

チェックシートを作成するときは，次のようなプロセスのつながりを頭に描いて，監査方針に基づき確認の順序を絞り込む．基本的には，組織を取り巻く環境からの問題・課題からどのように解決・達成していくかの体制と運用が成されて結果が出ているかに着眼して確認する．そのためにまず被監査部門の責任者にインタビューして，被監査部門の具体的なチェックシートを作成するとよい．

① 責任と権限を確認する．
   例：責任及び権限（ISO 9001 の 5.3）
② 担当業務のモノづくりとの関連を確認する．
   例：モノづくりプロセスの流れ（ISO 9001 の 8）

③ ①の活動の支援や監視の業務との関連を確認する．
　　例：支援・監視（ISO 9001 の 9.1）
④ ②，③の情報をもとに人的資源の育成の状況を確認する．
　　例：人的資源の育成（ISO 9001 の 7.2）
⑤ ②，③の情報をもとに方針展開に基づき活動を確認する．
　　例：方針展開に基づく活動（ISO 9001 の 4，5，6，9.3）
⑥ マネジメントレビューの実施内容を確認する．
　　例：マネジメントレビューの実施内容（ISO 9001 の 9.3）
⑦ インフラストラクチャー，作業環境は，それぞれの提供のプロセスと併せて運用状況を①の確認時に流れとして確認する．
　　例：ISO 9001 の 7.4 で求められているコミュニケーションや，文書管理，記録の管理は，各機能の確認の中で確認する．

(b) 作成手順

チェックシートの作成手順を次に示す．

① 監査方針に基づき，品質マニュアルや"9.1 監視，測定，分析及び評価"からどの項目について監査するかを選び出す．
② 選定した品質マニュアルの項目の中から監査したいプロセスを抜き出す．
③ 上記②で抜き出した監査内容に対して，フロー図を作成し，プロセスの不明確な箇所，部門間の業務のつながりが不明確な箇所を摘出し，プロセスを理解し，目に見える情報（客観的証拠）は何か，プロセスとして重要な箇所は何かを明確にする（表 3.2 参照）．
④ プロセスの不明確な箇所，部門間の業務のつながりが不明確な箇所についてどのようになっているかの質問から始めるとよい．"監査のシナリオ"として，どのようなことを聞くとどのような資料が提示されるか又は作業が確認できるか，その提示された情報や確認された作業をもとに更にどのような質問をするかといった連鎖的なやりとりを想定し，どれくらいサンプリングして，どのような内容でどんな順序で質問していくかについて，箇条書きに列挙し，"監査チェックシート"を作成する．

3.2 事前準備で実施すること

⑤ 品質マニュアルのほかにその他の文書化した情報の基準文書についても読みとり,監査のシナリオを考える.

ISO 9001の"7.2 力量"でのプロセスの"監査シナリオ"の例を表3.2に示す.このように該当プロセスの全容と目的を整理し,監査チェックシートを作成して監査に臨めば,確かな手応えが出てくる.慣れてくれば,監査のシナリオだけで監査は十分できるようになる.

表3.2 監査シナリオの例

a) 基本情報

被監査部門	総務部
監査対象業務	全社教育・訓練の企画推進
監査方針	ベテランの定年退職者が多い.技術の伝承に問題ないか.
参照規格(ISO 9001の箇条)	7.2 力量

b) 監査のシナリオ……下記情報からチェックシートを作成する.

手順	監査方針から何を調査したいか(プロセスの確認)	それは何で確認できるか(客観的証拠)	客観的証拠(アウトプット)の目的は何か
1	第1製造部の定年退職者	退職者リスト	どのような力量がなくなるか
2	現在の在籍者の力量	"人材育成表"	在籍者の力量の分布
3	昨年度の教育・訓練計画と実績 ①全社 ②各部門	教育・訓練計画,"研修・講習・見学等参加報告"	計画は力量の少ない要員の補充 計画どおり教育・訓練を進める
4	有効性評価と力量の関連 ①全社 ②各部門	"人材育成表"	計画どおり要員は補充されたか
5	公的資格習得	"有資格者一覧表"	公的資格者(力量)の分布

表3.3は，顧客関連のプロセス（契約・受注処理・販売計画，生産計画）の品質マニュアルの例で，表3.4が，品質マニュアルから作成した"監査のシナリオ"，表3.5が，表3.4の"監査のシナリオ"から作成した"監査チェックシート"の例を示している．

表3.6〜表3.9に，その他の"監査チェックシート"の例を示す．

表3.3 品質マニュアルの例

---

5 製品・サービスの実現化のための運用機能

5.1 運用の計画及び管理
 (a) 製品に対する品質目標及び要求事項を明確にするプロセスは5.1項に記述する．
 (b) 製品実現のためのプロセスの概要を本品質マニュアル及び添付1."品質保証体系図(1)"に定め，それぞれのプロセスの詳細は，"規則・要領"に規定する．
 (c) 製品に固有なプロセス及び文書の必要性，並びに資源の必要性は"標準工程表"に明記する．
 (d) 製品実現のプロセス及びその結果としての製品が要求事項を満たしていることを実証するために必要な記録は，5.1〜5.6の各項に明記する．また，4.3.2項にこれらの一覧表を示す．

5.2 契約・受注処理，販売計画・生産計画 ［8.1 a），e），8.2.2, 8.2.3］
 営業部は，"営業部管理規則"により顧客との契約内容の確認を行う．
 企画部は，営業部と顧客が契約内容の確認を行うため，"カタログ"，"価格表"を準備し，これを維持する．

5.2.1 契約内容の確認
 (1) 日技研ブランド製品（プロセス屈折計は除く）は，営業部が，"在庫確認表"又は管理部にて納期を確認し，"受注連絡票"に記載する．
 (2) プロセス屈折計は，営業部がカタログに記載された仕様に基づき，納期，器種，台数，表示方法，試料導入部，ケーブル長等を顧客と確認し，"プロセス屈折計仕様確認書"を発行し，"受注連絡票"に記載する．カタログに記載された仕様外の場合は"営業部管理規則"による．
 (3) OEM製品は，営業部が，納期があらかじめ定められた期間であるかを確認の上，"受注連絡票"に記載する．もし，納期が定められた期間よ

3.2 事前準備で実施すること

り短い場合には，管理部で納期を確認の上顧客に連絡し，承諾を得て，"受注連絡票"に記載する．
(4) 顧客が要求する特注製品は，営業部が作成する"見積依頼書"の内容を企画部が将来への有効性等を判断した上で開発部へ提出し，開発部が技術的内容，製造部が生産性を検討し，回答する．営業部はこの回答に基づき顧客に"見積書"を提出する．また，過去に受注した特注製品と類似仕様の場合は営業部が判断し，"見積書"及び必要に応じて"特注製品仕様確認書"を顧客に提出する．

5.2.2 契約内容の修正
(1) 日技研ブランド製品（プロセス屈折計は除く）・OEM 製品の契約内容に変更が生じたときは，営業部は速やかに管理部へ連絡し，"受注連絡票"を訂正する．
(2) プロセス屈折計の契約内容に変更が生じたときは，営業部は"プロセス屈折計仕様確認書"を再発行し，必要に応じて"受注連絡票"を訂正する．変更の手順は"営業部管理規則"による．
(3) 特注製品の契約内容に変更が生じたときは，変更内容を文書で顧客に通知し，金額の変更を伴うときは"見積書"を再提出し，顧客の承諾を得てから"受注連絡票"を訂正する．

5.2.3 見込み生産
管理部は，企画部が発行した"品目別販売目標台数"に基づいて"年間生産計画書"を作成して工場へ指示する．また，"在庫管理表"，"受注連絡一覧表"，営業部における引き合い状況及び製造部における進捗状況によって生産調整を行う．

5.2.4 生産計画
生産計画は，管理部が毎月 21 日発行の"3 か月生産計画書"，毎月 3 回発行する"手持ち屈折計生産計画書"，毎週発行する"パレット生産計画書"を作成し，それをもとに管理課が，部品は"部品管理要領"，製品は"製造部製造指示書作成要領"により製造部に製造指示を行う．

5.2.5 記　　録
営業部は，"受注連絡票"，"見積依頼書"，"プロセス屈折計仕様確認書"，"特注製品仕様確認書"等の記録の保管を行う．

表3.4 監査のシナリオの例

被審査部門		本社管理部	
審査対象業務		生産計画作成	
監査方針		生産計画は生産の平準化を行い，顧客・営業部の要求が確実に反映されているか	
参照規格（ISO 9001の箇条）		8.1, 8.2, 8.5.1, 9.1.1, 10.2	
手順	審査方針から何を調査したいか（プロセスの確認）	それは何で確認できるか（客観的証拠）	客観的証拠（アウトプット）の目的は何か
Ⅰ 1 2	日技研ブランド製品 受注（営業部） 納期確認（本社管理部）	"在庫確認票" "受注連絡票"	確実な顧客との約束 顧客の要求納期に応えられるか
Ⅱ 1 2	プロセス屈折計 受注（営業部） 納期確認（本社管理部）	"プロセス屈折計仕様確認書" "受注連絡票"	確実な顧客との約束 顧客の要求納期に応えられるか
Ⅲ 1 2	OEM製品 受注（営業部） 納期確認（管理部）	"受注連絡票" "見積依頼書"	確実な顧客との約束 顧客の要求納期に応えられるか
Ⅳ 1 2	特注製品 引き合い（営業部） 受注可否検討（本社管理部，開発部，製造部）	"見積書" "特注製品仕様確認書"	確実な顧客との約束 顧客の要求納期に応えられるか
Ⅴ	上記情報をもとに見込み生産計画立案（本社企画部）	"品目別販売目標台数"	仕事量の把握 本社企画部と本社管理部の情報の共有化はできているか
Ⅵ	3か月生産計画作成（本社管理部）	"3か月生産計画書" "手持ち生産計画書" "パレット生産計画書"	顧客の約束の順守と生産不可の平準化 納期達成は確実か
Ⅶ	製造指示（工場管理課）	"部品管理要領" "製造部製造指示書作成要領" "製造指示書"	各3か月生産計画の確実な展開 納期達成は確実か

3.2 事前準備で実施すること　　　51

表 3.5 チェックシートの例（顧客関連プロセス）

監査チェックシート

作成者	上月
作成日	○○年○○月○○日

監査項目	顧客関連プロセス	被監査部門	管理課
監査員	上月，池上	応対者	○○

要求事項（監査したいこと）	引用文書
品質マニュアル"5.2.3 見込み生産", "5.2.4 生産計画のシステム"（生産計画は，顧客・営業部の要求が確実に反映されているか）	"製造部管理規則" "3か月生産計画書作成要領" "手持ち屈折計生産計画書作成要領"

質問事項［（　）内は補足説明)］	メモ［（　）内は補足説明で質問の着眼点］
1. 先月と先々月の"3か月生産計画書"と"手持ち屈折計生産計画書"を提示してもらう。 　（アウトプットの確認） 2. それぞれの"3か月生産計画書"と"手持ち屈折計生産計画書"は，何をもとに作成したか，そのときの関連資料を提示してもらう。 　（インプット情報の確認） 3. それぞれの"3か月生産計画書"と"手持ち屈折計生産計画書"と提示された関連資料（"受注連絡一覧表"と"在庫管理表"）との関連を説明してもらい，そのとおりになっているか確認する。 4. "3か月生産計画書"と"手持ち屈折計生産計画書"はどのような手順で作成しているか説明してもらい，そのとおりになっているか確認する。 5. 実態と要領書の内容を対比する。	（インプットに"受注連絡一覧表"と"在庫管理表"が提示されるか，速やかに提示されなければシステムの理解やファイリングが十分でないことになる） （説明がうまくできないときは，システムの理解や手順が明確になっていないおそれがある） （説明がうまくできないときは，システムの理解や手順が明確になっていないおそれがある） （業務実態が文書化に的確に反映されているか確認する）

表 3.6　チェックシートの例（是正処置）

監査チェックシート		作成者　上月
		作成日　〇〇年〇〇月〇〇日

監査項目	是正処置	被監査部門	企画部
監査員	上月，笹野	応対者	〇〇

要求事項（監査したいこと）	引用文書
品質マニュアル"6.2.1是正処置のシステム"（苦情の対応がとられて，確実な是正に結びついているか）	"品質問題処置規則"

質問事項	メモ〔（　）内は補足説明で質問の着眼点〕
1．〇〇年下期の苦情にどのようなものがあるかわかるものを提示してもらう．	（リストでもファイルでもよい，把握しているかが重要）
2．1.項で提示された情報をもとに2，3件苦情をサンプリングする．	（解決までの目標期間を確認して，その目標前後のものを選ぶ）
3．2.項でサンプリングした苦情について，"苦情品原因調査依頼書"を提示してもらう．	
4．提示された"苦情品原因調査依頼書"に対する"原因調査報告書"を提示してもらう．	
5．"苦情品原因調査依頼書"と"原因調査報告書"を対比して，改善実施部門の指定や"重要品質問題"登録が判断なされているか，原因究明や対策処置が決定され，対策処置が完了しているか確認する．	（原因究明の仕方と対策処置が確実になされているか重厚にならないシステムで確認するとよい）
6．営業部門には回答されているか，顧客から了解を得ているか確認する．	
7．実態と"品質問題処置規則"を対比する．	（業務実態が文書化に的確に反映されているか確認する）

3.2 事前準備で実施すること

表 3.7 チェックシートの例(設計からのアウトプット)

監査チェックシート		作成者 上月
		作成日 ○○年○○月○○日

監査項目	設計からのアウトプット	被監査部門	開発センタ
監査員	上月	応対者	○○

要求事項	引用規格文書
設計インプットの要求事項に対して検証及び妥当性確認ができているか	ISO 9001 品質マニュアル 設計管理

確認方法と質問	問題点

1. ○○年1月~9月の受注製品のリストを提示してもらう.
2. そのリストの中からサンプリングして,品質確認計画書を提示してもらう.
   いくつか他の製品を同様にチェックする.
3. 合否判定基準を提示してもらう.また,判定した書類を提示してもらい,責任者の欄をチェックする.
4. 製品の安全性に関わる設計上の特性を明確にしている.
   文書を提示してもらい確認する.	

表3.8 チェックシートの例（購買）

監査チェックシート		作成者　上月
		作成日　〇〇年〇〇月〇〇日
監査項目	購　　買	被監査部門	購買部門
監査員	上月，池上	応 対 者	〇〇

要求事項	引用規格文書
購買部長は新規取引対象部品，加工のそれぞれの業者に対し，品質，納期，価格を満足する企業かどうかを評価し，"取引基準契約書"を交わし，登録しているかを確認する	取引先の選定及び評価

確認方法と質問	問　題　点
1. 最新版の新規"取引先一覧表"のリストを見せてください（作成日，管理責任者印）． 2. リストの中から3～5社をサンプリング（重要部品を加工している業者）をする． 3. 品質，納期，価格についての評価，項目と評価基準は何を見ればわかりますか（管理の方式，範囲は明確か）． 4. 評価結果の合否は何を見ればわかりますか（評価記録の保管責任者，期間，否の場合の処置内容の要領の有無）． 5. 取引基本契約書の実物を見せてください（両部門の責任者印はあるか，有効期限の確認）． 6. 購買部長が"登録を認めた"ことは何を見ればわかりますか．見せてください（購買部長承認印，いつ，有効期限はいつ）．	

3.2 事前準備で実施すること

表3.9 チェックシートの例(文書管理)

監査チェックシート			作成者　上月
			作成日　○○年○○月○○日

監査項目	文書管理	被監査部門	購買部門
監査員	上月,池上	応対者	○○

要求事項	引用規格文書
購買用図面は購買部が取引先の最新図面を送付しているか,また旧図面の処置を指示どおり実施しているかを確認する	文書の承認及び発行

確認方法と質問	問題点
1. ○○年1月〜8月の間に取引先へ送付した最新図面の品番リストを見せてください(台帳作成日,管理責任者印). 2. リストの中から3〜5品番をサンプリングをする(重要部品対象,図面も見る)(図面発行承認者印,日付け,部数を確認). 3. サンプリングをした品番が最新版であることを確認するには何を見ればわかりますか(発行元台帳と比較). 4. 取引先が最新図面で加工していることを確認するには何を見ればわかりますか(取引先受領書,管理責任者印,日付け,部数). 5. 旧図面の処置内容は何を見ればわかりますか(文書の管理手順に無効文書の処置内容が決めてあるか). 6. 旧図面の処置が指示どおり実施されているかどうかは何を見ればわかりますか(管理責任者印,いつ).	

(5) 業務の流れ（プロセス）の概念と業務経路図とは

組織では，業務遂行に当たって，縦の関係（上司や部下）と横の関係（関連他部門）を保ちながら進めている（図3.2参照）．決して自分一人ではなく，他の人とのつながりがある．このつながりをわかりやすくしたものに，業務経路図（フロー図）と管理体系図がある（表3.10参照）

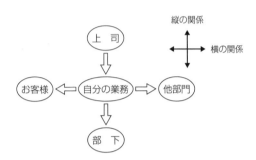

図 3.2 縦と横の関係

表 3.10 業務経路図（フロー図）と管理体系図の比較

	業務経路図(フロー図)	管理体系図
ねらい	自分の業務がステップごとに他部門とどのような関連で進められているかを明確にする．	業務が全体としてうまく運営されているかを明確にする． 業務システムとして管理レベルの向上に活用する．
構成	自分の業務を進めるときのステップの順序と作業内容が示されていること． 各ステップの作業を行うときの関連部門が示されていること．	業務経路図に標準と管理点を加えて，業務全体を整理したもので， ① 関係する部門相互の業務のつながり，協業の仕組みが明確になっている． ② 一部門のその管理に関する業務の分担が明確になっている． ③ 業務がどのような情報に基づいて行われているかが示されている． ④ 仕事の結果，できあがる情報が示されている． ⑤ 仕事を進める上での取決め（規定，規則類）が示されている．

3.2 事前準備で実施すること

作成上の注意点を次にあげる．図 3.3, 表 3.11 も参照されたい．

① まず，上司と一緒に自分の業務経路図を作り，自分の業務の分担を明確に認識する．

② 1回ではなかなかよい（わかりやすい）業務経路図は書けない．何回か議論して書いてみるのがよい．

③ 業務には，比較的大きな範囲のものと，小さな単位のものとがある．業務の複雑さに応じて作っていけばいいのであって，何もかも同じレベルのものにする必要はない．

管理体系図に使用する記号は，組織内で図 3.4 のように決めておくとよい．体系図を作成している過程ではあまり記号にこだわる必要はないが，最後に整理するときに使用すると，わかりやすいものとなる．

業務経路図の例を図 3.5, 図 3.6 に示す．

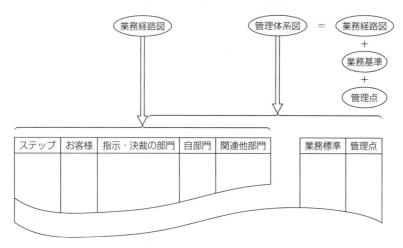

図 3.3 業務経路図と管理体系図の考え方

表 3.11 業務経路図と管理体系図の作業手順

No.	手　順	内　容
1	業務の目的を明確にする	組織の業務分掌や指示・決裁の部門の業務実行計画などから，自分の業務の目的は何かを明確にする．
2	業務の工程を明確にする	自分の業務のステップは何か． 入口と出口を考えるとよい．
3	縦の関係を明確にする	自分の業務と"自分の上司や指示・決裁の部門"とはどんな関連性があるか．
4	横の関係を明確にする	自分の業務と"お客様"や"他部門"とはどんな関連性があるか．
5	業務の評価基準を明確にする	基準を管理点として設定する．
(6)	体系の見直しをする	図 3.4 に示す記号を用いて業務の流れを再確認して整理する．
(7)	業務標準との関連を明確にする	どんな業務標準に従って業務を進めていくのか． 参照すべき規則は何か． 参照すべき作業手順書は何か．
(8)	管理点は何かを明確にする	自分の業務の計画や結果を把握するための管理点を再確認する．

備考　管理体系図の場合に(6), (7), (8)を追加する．

3.2 事前準備で実施すること

No.	記号	意味	具体例
1		帳票・用紙	・命令書・計画書・図面・仕様書 ・チェックシート・マニュアル
2		会議・検討会	会議・委員会・連絡会・評価会・検討会
3		業務一般	立案・審議・決定・承認・命令・報告
4		規則・標準	規定・規則・要領・技術標準・作業標準
5		報告書・情報	各種情報・各種報告書・処置書・報告書
6	1	管理点番号	体系図中には番号で示し，管理点欄に詳細記載
7	②	規則・標準類番号	体系図中には番号で示し，規則標準類欄に詳細記載
8	→	主要業務経路	主要業務の経路
9	→	サブ業務経路	主要業務に付随した業務の経路
10		経路が交差	経路が交わらないが交差する場合
11		経路の分岐点	経路が2か所以上に分かれる場合
12	↓	経路の合流	2か所以上の経路が合流する場合
13		手法	FMEA・FTA・FEM・品質機能展開など
14	---→	フィードバック経路	情報のフィードバック経路
15	◇	判断	採否の判断・YES，NOの判断
16	▽	配付	各関係部門へ配付する

図 3.4 管理体系図に使用する記号

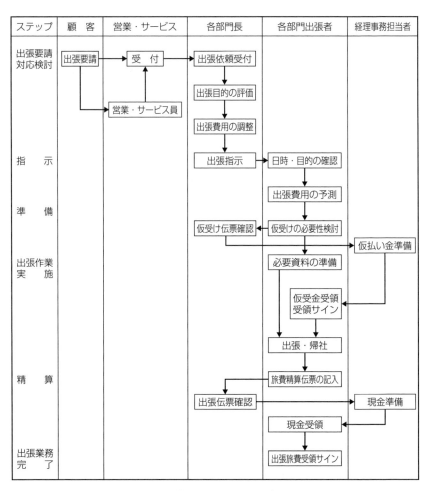

図 3.5 出張及び旅費精算業務経路図の例（工場関係者が営業・サービスからの要請で顧客に出張する場合）

3.2 事前準備で実施すること

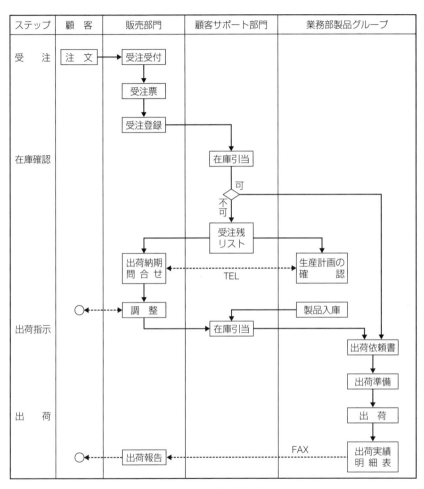

図 3.6　製品出荷業務経路図の例

3.3 監査の実施の仕方

だまし絵ではないが，その人の経験や第一印象によって蛙に見えたり馬に見えたり，見方が違ってくる（図3.7参照）．監査員は可能な限り，多角的な見方をすることが望ましい．基本を常に頭に入れて何回もやってみて，振り返って見直していくことが監査技術を向上させるための近道である．

(1) 監査実施時の基本

次に，監査実施時の基本を示す．
① 監査メンバはそれぞれの分担に基づいて監査する．
② 不適合状態，潜在的問題点と良い点などについてメモをとる．
　質問しながらメモをとるのは難しいので，やはり実地訓練の繰返しによって要領を覚えていくことになる．
③ 監査の深さと連続性を保つためにチェックシートを使用する．
　例えば，工程管理の質問の途中で，提出を求めた文書にナンバリングの

図3.7　だまし絵

ないことがわかった途端，今度は一転して文書管理についての質問を始められたのでは，被監査側は何を調査されているのかわからなくなる．監査する側も調査が散漫となり，実態が把握できない．このようなことを防ぐためにもチェックシートを用いるべきである．

　しかし，チェックシートはガイドとして使用すべきもので，調査作業を制限するものではない．チェックシートに準備されていなくても不適合状態，潜在的問題点の情報が得られたら，仕事のつながりに沿って源流にさかのぼるような踏み込んだ調査をすることが大切である．

④　文書，現場，現物，記録（客観的証拠）で十分納得できるまで確認するには，一事が万事の考え方で一つの事例（サンプル）を掘り下げ，その類似の事例の数を増すとよい．その結果，たまたまシステムが適正に運用されていないのか，システムそのものが確立されていないのかを判断することができる．

⑤　責任者，当事者及び関係する人に，客観的証拠でもってプロセスの運用状況を十分納得できるまで確認する．

⑥　説明を受けたプロセスや初めて見る文書中の記述事項を，素早く読んで理解できるようにする．

⑦　自分の担当する監査対象だけでなく，品質マネジメントシステム全体を視野に入れて調査・評価する．プロセス改善のアイデアがあれば自分が実施するつもりで積極的に提案すればよいが，基本的にはプロセス改善のアイデアは，被監査側がもっている．そのための気づきを与える役割である．

(2)　監査質問の基本

次に，監査質問の基本を示す．

①　チェックシートをもとに５Ｗ１Ｈの疑問点から質問する．イエス，ノーで答えられる質問は避ける．この場合，往々にして質問ではなく詰問になりがちで，監査員と被監査側が上下の関係になり，検事と被告の関係に陥りやすい．日頃どのように考えているかを引き出し，業務内容を紹介してもらうような雰囲気をつくるのがよい．

② 口頭情報は責任者の発言以外は極力採用しない．可能な限り客観的証拠で確認する．システムが定着しているかどうかを調査するためにも，同一の質問をいろいろな人にしてみるのもよい．意外と異なることを言う場合がある．このようなときも可能な限り客観的証拠でその内容を確かめる．

③ 検事と被告の関係の雰囲気を作らないために，質問時は謙虚に"教えて"など柔らかい言葉を用いる．

④ 被監査側が監査員のサンプリングした資料を提示せずに別の例を提示する，あるいは被監査側から積極的に事例の提示がある場合，システムはうまく運用されているか，システム自体に問題はないかの評価を間違えるおそれがある．したがって，被監査側から提示された資料をよく調べ，話をよく聞いた上で，自分がサンプリングしたい資料の提示を求める．同様に自分の知らない分野の話にも謙虚に耳を傾け，その後自分の聞きたいことを質問する．

⑤ 常にどの項目を監査しているかはっきりさせる．

相手の回答が理解できないのは，質問の仕方に原因があると考えて，規格の意図を解説したり，品質マニュアルの記載内容を再確認しながら聞きたいことを極力具体的にする．

⑥ 良い点があったら褒める．

⑦ 監査時間を守る．

(3) 監査結果は必ず検証する

監査メンバで関連する情報を持ち寄り，客観的証拠が十分あるか，問題発生の重要度はどうか，不適合として指摘することが適切か，事実関係（客観的証拠）と判断した監査基準（規格の要求事項，品質マニュアルや下位文書など）を明確にし，短時間でポイントをまとめて指摘の内容を検討する．

是正処置が必要なもの（不適合事項），情報が不足して不適合と言い切れないが本当に問題がないか被監査側にもう少し調べてもらいたい事項（観察事項），今のままでも問題が生じることはないが，今よりもっと良い結果を出すために見直したほうがよいと思われる事項（改善課題）に分類し整理する．

実態には問題ないが品質マニュアルや申し合わせ内容と異なる場合は，不適合事項として取りあげ，品質マニュアルや申し合わせを決めるプロセスを検討してもらうとよい．ISO 9001 が監査基準，品質マニュアルの記述内容が客観的証拠となる．決めたとおり実施しても，そのプロセスの目的を達成していない場合は，未達の原因を分析し，対応・改善を図らなければならないが，そうなっていなければ ISO 9001 の"10　改善"の意図を汲んでいないとして不適合事項に取りあげればよい．

監査の過程で懸念した事項は報告書に反映させ，次回監査の着眼点にする．

(4)　監査実施のプロセスと実施上の着眼点

監査実施のプロセスとは，確認したいプロセスの情報をもとに，監査実施上の着眼からちょっと変だなと懸念される事象が ISO 9001 の規格や品質マニュアル（下位文書を含む．）のどの要素に関連するか，またその意図や目的からすると指摘の要否を判断するにはどのような追加情報が必要かを考え，関連するプロセスの客観的証拠を追加収集・確認した上で，不適合事項，観察事項，改善課題になるか否かを評価することである（図 3.8 参照）．

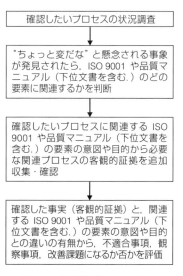

図 3.8　監査実施のプロセス

チェックシートを作成するときも当然留意すべき内容であるが，監査を実施する上での着眼点は基本的に三つある．

(a) プロセスとプロセスのインタフェース

何をきっかけに仕事をしているか，何に基づいてその仕事を実施しているか，仕事の結果は次に誰のどの仕事のインプットになるか，部門間（仕事を依頼する立場と依頼される立場）でも仕事の目的や手順について同じ認識か，認識の違いから問題が生じていないかという着眼点である．人間の関節は，ちょっとムリをしているうちに悪くなってくる．骨そのものも年をとると弱くなってくる．組織もこれに似ている．

(b) 規格や申し合わせと実態の違い

監査員の経験を基準に議論しても，おそらく立場が違えばかみ合わないだろう．しかし，自分たちの決めたことと実態の違いで議論すれば，そのような違いがなぜ起きるのか，それなりの背景があることがわかるようになる．すなわち，同じ認識のもとに議論できると，指摘されたほうも被害者意識にはならない．日頃気がつかないことを提起されると納得性も出てくる．規格や申し合わせはある種の共通な土俵でもある．土俵が同じならば前向きな議論ができる．

(c) プロセスの目的達成度合い

これは大変判断が難しいかもしれない．方針に則っていないとしたら，まず方針をどのように認識しているかを確認した上で，その方針から逸脱していないか議論することである．

方針の認識自体が異なればまず議論にならない．決めたとおりに実施していたとしても，そのプロセスの目的の達成度合い（TQMでは管理点・点検点，ISO 9001では"9.1 監視，測定，分析及び評価"に該当）と今のプロセスはどのような決まったかを確認し議論してみることである．

(5) 事例研究で監査技術を向上させる

内部監査の指摘内容をケーススタディして，適切な指摘であったかを議論することは，監査技術の向上に大変役に立つ．

内部監査では，変だなと感じた事情を作り出しているプロセスがどの規格に

3.3 監査の実施の仕方

対応しているかを検証し，必要ならば追加情報を収集し，その中で最も根幹に関わっているプロセスはどれかを見極めて指摘するのがよい．

1グループが監査員5人程度のグループ分けをして，自社の内部監査報告書（指摘事項，原因，是正処置内容，その実施状況等が記述されたもの）をもとに，

- この指摘はどのプロセスを確認・評価しているのか．
- 被監査側への納得性を高めプロセスの有効な改善の機会にするためには，どのプロセスまで踏み込み追加情報を集めればよいか．

の観点で意見交換し，そのグループ討論の結果を紹介してまた意見交換するとよい．

基本的には，"百聞は一見にしかず"で，役立つ内部監査とはどうすべきかを考えながら何回も実行し，見直していくのがよいのであるが，それだとかなり時間がかかってしまう．そのやり方の代わりに，これまでの事例を数多く紐解くことも決してムダではない．賢者は歴史に学ぶということかもしれない．

米国のMBAシステムは，経営について数多くの事例研究を行い共体験することによって，経営者を育てようというプログラムになっている．これと同じような考え方による訓練方法である．

事例研究に当たり，プロセスに着眼したアプローチのポイントは，次のとおりである．

① どのプロセスを確認・評価しているか．
② 目的達成のために関連するプロセスのネットワークには，どのようなプロセスが考えられるか．
③ 対象プロセスで確認した情報を規格や品質マニュアル（下位文書を含む．）のどのような決め事の意図で評価することになるか．
④ 更に対象プロセスと関連したプロセスのネットワークまで確認した情報を規格や品質マニュアル（下位文書を含む．）のどのような決め事の意図で評価することになるか．

①〜④の観点で考察した内容（事例）を以下に紹介する．このような内容を参考にグループ討論をしてみるとよい．

いずれの事例も，チェックシートに基づき確認をしている中で得られた情報である．確認した現象の中にルールと異なる事象を検出したら，その現象を捉えて不適合としても監査とはなるが，やはり影響を及ぼすプロセスと本来の目的を達成するためにつながる源流のプロセスを考慮して確認し，評価すると被監査側への納得性は高まる．

●事例1　設計部門での内部監査

> 設計課では，デザインレビューを行う場合には，関連部門へ3日前までに関連資料を配付することとなっていたが，製品Aでは，性能に影響を与えない外観変更程度の簡単な変更なので2日前に配付していた．

〈考　察〉

この情報からすると，確認しようとしたプロセスはISO 9001の"8.3　製品及びサービスの設計・開発"で，その中でキープロセスと考えたデザインレビューから情報を集めたと考えられる．現象的には，関連資料配付は3日前という決め事を逸脱している．したがって，不適合と言っても間違いではない．

デザインレビューと設計・開発プロセスの目的を考えると，設計に起因する顧客の苦情や製造工程での品質問題がないことが重要である．そこで関連するプロセスは，ISO 9001の"9.1.2　顧客満足"，"10.2　不適合及び是正処置"，"8.7　不適合なアウトプットの管理"，"9.1　監視，測定，分析及び評価"が考えられる．そして設計・開発の出来映えに影響するプロセスは，設計者の力量（ISO 9001の7.2）が考えられる．更には，性能に影響を与えない外観変更程度の簡単な変更ならば，ISO 9001の"8.2　製品及びサービスに関する要求事項"のプロセスから顧客要求事項との関連で技術的に影響が少ないかを確認する．

確認の結果，決め事の3日が2日であることによる懸念事項が検出されれば，被監査側もその指摘への納得性が高まり，プロセスの改善につながる．もちろん，そもそも3日前にデザインレビューの資料を配付することにした理

由や 2 日前になった実際の経緯も確認すると，監査の中で原因が見えてくる．

●事例 2　品質保証部門での内部監査

> 顧客満足の情報には，クレーム情報，故障情報，顧客との品質連絡会議があることを品質保証課で確認した．これらの情報の監視方法を品質保証課長に確認したが，故障情報は関連会社の販売会社で行っており，よくわからないとのことであった．

〈考　察〉

この内容からすると，ISO 9001 の"9.1.2　顧客満足"のプロセスで最前線の顧客の受け止め方（故障情報）を入手する部門は，関係会社といえどもアウトソーシングということになる．アウトソーシング先での故障情報の入手をどのように行っているかがよくわからないというだけでは，不適合指摘はできない．しかし，ちょっとおかしいと思うだろう．

ISO 9001 の"9.1.2　顧客満足"のプロセスの目的は，顧客の受け止め方を品質マネジメントシステムの総合指標として入手して，品質マネジメントシステムを見直し，顧客の評判がよくなっていくことである．そこで関連するプロセスは，"10.2　不適合及び是正処置"，"9.1　監視，測定，分析及び評価"が考えられる．そして影響を及ぼすプロセスには，"8.4　外部から提供されるプロセス，製品及びサービスの管理"が考えられる．アウトソーシング先をどのように管理しているかを確認・評価することがポイントかもしれない．

●事例 3　設備管理部門での内部監査

> 製造課加工ラインの設備 A の点検周期を確認したところ，7 日ごとであると回答があったが，"定期設備点検記録票"では 10 日ごととなっていた．

〈考　察〉

この内容からすると，ISO 9001 の"8.5　製造及びサービス提供"のプロセ

スの業務の一環であろう．市場型製品の場合，設備の点検時期は，試作，量産準備，量産の流れで決めたと考えられる．決め事と異なるので不適合指摘とすれば，被監査側からは決めたとおりよりも短い時間で実施しているのだから何が悪いのだと反論が出そうである．しかし，決めたとおりに実施されていないのは気になる．

"8.5 製造及びサービス提供"のプロセスの目的は，粛々とモノづくりをして顧客の要求を満たし，品質問題がないことなので，その活動の中で設備管理がどうあるべきかは理解できるであろう．そこで関連するプロセスは，ISO 9001の"8.1 運用の計画及び管理"，"9.1 監視，測定，分析及び評価"が考えられる．影響を及ぼすプロセスには，"8.3 製品及びサービスの設計・開発"から"8.5 製造及びサービス提供"への移行活動が考えられる．したがって，どのように点検間隔を決めたのか，点検することでチョコ停の推移は良くなっているか，"定期設備点検記録票"の内容は次期設備導入時にフィードバックされているかなどを議論するとよい．

● 事例 4　経営企画部門での内部監査

> マネジメントレビューの取りまとめ事務局である経営企画部で確認した"マネジメントレビュー規定"では，マネジメントレビューは年2回品質会議で実施することとなっていた．品質会議は毎月，品質管理課が主催で実施していた．

〈考　察〉

この内容からすると，ISO 9001の"9.3 マネジメントレビュー"であろう．マネジメントレビューの内容の討議が，別の部門が主管している会議で他の目的と併せて扱われているということである．そしてその会議体は，毎月実施されているという状況のようである．

"9.3 マネジメントレビュー"は，組織の目的を達成するための体制について議論し，その対応について決定し示達することである．そのような観点で品

質会議の議題や議事録からマネジメントレビューの意図が実施されているかを確認すると，この体制が規格の意図を踏まえた内容かどうかが評価できる．影響するプロセスとしては，ISO 9001 の"9.3.2　マネジメントレビューへのインプット"のプロセス，そのデータベースとなる"9.1　監視，測定，分析及び評価"，"6.2　品質目標及びそれを達成するための計画策定"のプロセスが考えられる．

このようなところまで確認できれば，組織にとって有効なマネジメントレビューはどうあるべきかの議論につながるはずである．

3.4　監査後打合せで実施すること

監査結果の検証後，引き続き打合せを実施する．相手に納得してもらうためには，監査後打合せは情報の入手したての監査直後に実施することが肝要である．次の事項を行うとよい．

① 監査結果（不適合事項，観察事項，改善課題，良い点）を口頭又はホワイトボードなどを用いて監査基準，客観的証拠，指摘の背景と問題点（不適合事項），懸念事項（観察事項），改善の機会（改善課題）を報告し，納得してもらう．

② 監査結果の処置期限についてその部門の責任者に確認する．

③ 監査報告書の発行時期も明示する．まず，監査員が確実に期限を守らなければ是正処置は進まないであろう．監査員の率先垂範が不可欠である．

3.5　監査報告書の記載内容

ISO 9001 の"9.2　内部監査"に"f)　監査プログラムの実施及び監査結果の証拠として，文書化した情報を保持する．"とあり，何らかの形で報告書を作成する必要がある．表3.12，表3.13 に"監査報告書"様式の例を示す．

監査後打合せで報告した内容を，約束した期限までに報告書として作成する．

表 3.12　監査報告書様式の例

様式-1	ISO 9001 内部監査報告書		工場長 承認印					
		発行No.						
(1) 回答記入欄		発行　年　月　日		(2) 回答記入欄	発行　年　月　日		(3) 確認欄	確認　年　月　日
品質監査チーム		チーム長 / チーム員		被監査部門	部長 / 課長 / 担当者		品質監査チーム	チーム長 / チーム員
No.	マニュアル 項目No.	改善要求事項	回答 期限	No.	改良内容 （含む原因） （回答）	実施 時期 実施者 担当	No.	確認状況 結果

3.5 監査報告書の記載内容

表 3.13 監査報告書様式の例

配付先：	**不適合報告書** （1件1葉）	報告No.	
		発行日	
		監査日	
被監査部門：	部門代表者：	不適合分類： 1　2　3	
監査者名：	該当要求事項：		

不適合の内容：

　　部門代表者　　　　　　　　　　　　　　　監査者

改善勧告内容：

　　　　　　　　　　　　　　　　　　　　　　監査者

原因改善内容と実施予定：

　　　　　　　　　　　　　　　　　　　　　　部門代表者

フォローアップ結果：

　　　　フォローアップ日　　　　　監査者

不適合分類判例：1………規定要求事項に対する不適合（品質問題に直結する可能性大）
　　　　　　　　2………客観的な運用・維持や顧客の信頼感の観点から気になるところ
　　　　　　　　3………推奨事項又は提案事項

備　考：

このとき，監査後打合せでコメントしなかったことまで書くべきではない．監査後打合せの内容を後で読んでわかるように詳しく補足した内容であることが望ましい．是正処置のフォローアップのためにも，約束した時期までに提出することは大変重要である．

不適合事項，観察事項，改善課題の記載は，当時の状況を後で読んで理解できる程度にまとめるのがよい．いずれも，簡単明瞭に，必ず監査基準（指摘の根拠とした規格，品質マニュアルや関連文書の要求事項やその意図）と客観的証拠を，そのほかに不適合事項の場合は"指摘の背景"を，観察事項の場合は"懸念事項"を，改善課題の場合は"改善の機会"を併記する．客観的証拠はできる限り5W1Hを記述することが重要である．不適合事項の主旨を伝えるのであって，決して是正の内容を直接的に示唆する記載はしない．是正処置内容については被監査側がもっているので，被監査側が再発防止を考えてみようという気を起こしてもらうための支援と考えるとよい．

以下に，不適合事項，観察事項，改善課題それぞれの記述例を示す．

●不適合事項の記述例

品質マニュアル	7.1.5　検査・試験装置の管理【○○○部】

監査基準

ISO 9001の"7.1.5　監視及び測定のための資源／7.1.5.1　一般"では，"要求事項に対する製品及びサービスの適合を検証するために監視及び測定を用いる場合，組織は，結果が妥当で信頼できるものであることを確実にするため必要な資源を明確にし，提供しなければならない．…(省略)….a) 実施する特定の種類の監視及び測定活動に対して適切である．"と規定されている．ここでの資源は，検査・測定機器と考えればよい．

客観的事実

① 部品Aの作業指図書／作業記録によれば，質量は顧客へ対する品質保証項目で，製品検査の対象である．

3.5 監査報告書の記載内容

② "部品A重量測定法"(規定No.)によれば,試料質量は 0.1 mg までの読み値が必要とされる.

③ 試料重量を計測するための電子天秤Bの校正方法は,校正対象機器台帳の校正法によれば,100 mg 及び 20 g 分銅を用いて判定基準(全分銅について±2%以内)で月1回校正することになっている.当該電子天秤の機器校正記録では,2007年1月5日から2008年5月7日まで校正結果は合格であった.

④ 当該電子天秤の外部校正結果である 2008 年 5 月 28 日付けの計量器検査成績書によれば,100 g 以上の検査荷重について器差不良で,検査結果は不合格とされていた.

⑤ 試料質量は 1 g 前後である.当該計量器検査成績書によれば,この計測器の 100 g 以下の器差については 0.3 mg の精度保証である.

指摘の背景

試料質量の測定値は,重要な保証特性である.100 g 以下の器差については,0.3 mg しか精度保証していないので,0.1 mg の保証をするものではない.読み値の精度を担保するための校正の判定基準に妥当性がない機器の選定である.

●観察事項の記述例

品質マニュアル	7.2 力量【△△△部】

監査基準

 ISO 9001 の 7.2 は,各職場で仕事をする上での必要な力量(業務要素とレベル)を明確にした上で必要な教育訓練を行い,自部門の戦力向上を目的にしたプロセスである.

客観的事実

① "教育訓練規定"(規定No.)によれば,力量教育の目的は"個々の部署の業務内容に応じて必要と判断される力量に対しての教育・訓練を行

う．"とあり，その手順は"必要と判断される力量を明確にする．また，その明確になった力量に対して個々の部署で，必要に応じてチーム内研修，外部研修やセミナー参加を計画し，実施する．"とある．
② 材料開発チームの"△△△部門力量チェックシート"(2015年2月15日）では，装置開発担当者の力量を引用して一般業務遂行の力量について規定している．しかし，材料開発業務の遂行に必要な具体的な力量の記述はない．
③ 材料技術開発チームのチーム会議議事録（2014年12月15日）では，業務の効率化のために材料技術開発担当者の業務の共有化について討議し，現状の力量が確認されている．

指摘の背景

材料技術開発業務に必要な力量を具体的な内容で明確化しないと，材料技術開発担当者の多能工化が図れない懸念がある．材料技術開発業務に必要な力量を具体的な内容で明確化して教育・訓練を実施すると，多能工化の有効性評価もわかりやすくなると思う．

● 改善課題の記述例

品質マニュアル	9.1　監視，測定，分析及び評価【×××部】

監査基準

　ISO 9001 の 9.1 は，問題・課題を発見し，継続的改善を期待したものである．
　プロセスの監視及び測定の対象を決める着眼点には，次に示す三つのようなものがある．これらは日頃プロセスが粛々と進んでいることを監視し，品質マネジメントシステム（仕事の進め方，管理の仕方等の仕組み）を改善するきっかけを発見することが目的である．通常は，実績を考慮した基準を設け，その基準から外れたら是正処置をとることになる．もちろん個々の問題にも処置をとる．

3.5 監査報告書の記載内容

- 品質マネジメントシステムとして直接監視・測定できるプロセスの特性
  例：日程進捗状況（日程遅れ）
- 品質マネジメントシステムとして直接監視・測定できる特性をもたないプロセスで，その実施結果として得られた製品の測定結果を利用して監視できるもの
  例：クレームの発生推移，不適合製品の発生推移，平均設備修理時間（各設備修理時間の総和÷修理件数）推移
- 品質マネジメントシステムで，トレンドを見極め，計画どおりの結果を達成できるプロセスの能力を確認するために，内部監査や顧客満足の情報といった活動の結果を利用して，監視できるプロセス

客観的事実
① "組立て要領書"作成納期は，重点活動計画で設定している．要領書は，計画に対し，いろいろな事情で遅れていた（完了予定2015年3月末，実績2015年10月完了）．
② "組立て要領書"の内容が適切かは，製品の品質レベルと生産性レベルで評価できるとの認識であった．
③ 製品の品質レベルは，品質保証部からフィードバックされているが，生産性レベルのフィードバックは仕組みとしてはまだ構築されていない．

指摘の背景
業務目的が達成したかに着目すると，プロセス改善の可能性が見えてくる．
① 日程遅れの分析から，"組立て要領書"作成プロセスの改善が検討できるだろう．
② 品質レベルと生産性レベルの実績から，"組立て要領書"作成目的を達成したかについて評価できるだろう．評価は，"組立て要領書"の質向上につながると思う．

3.6 被監査部門での監査報告書の検討

ISO 9001 の"9.2　内部監査／9.2.2"では，"d) 監査の結果を関連する管理層に報告することを確実にする．e) 遅滞なく，適切な修正を行い，是正処置をとる．"とある．したがって，次のような手順で監査報告書に対し，前向きに対処していく必要がある．
① 監査報告書の内容を検討する．
② 内容，実施期限，実行責任者を明示した是正処置実施計画を立案する．
③ 関連するプロセスマップを確認して，どの部分が不十分だったか，欠落していたかレビューして，原因を調査し，再発防止を検討する．
④ 監査員に回答内容について原因究明の内容と再発防止の内容がプロセス改善になっているかを評価をしてもらう．
⑤ 監査員の意見も取り入れて最終的な再発防止策を決定して実施する．

3.7 内部監査の完結

ISO 9001 の"10.2　不適合及び是正処置／10.2.1"では，"d) とった全ての是正処置の有効性をレビューする．"とある．したがって，次のような手順で，原因が取り除かれて再発を防止できたかをフォローアップする必要がある．
① しかるべき運用後是正処置によって問題は解消したかを確認する．
② 不十分であれば再是正処置を要求し，再発しないと判断できるまで繰り返す．
③ 不十分であれば実態の把握の仕方や原因究明・対策立案のプロセス改善について考える．

第4章 監査技術を身につけるために知っているとよいこと

4.1 監査基準である ISO 9001 とは

4.1.1 ISO 9001 の制定・改訂の経緯

ISO とは，国際的な標準を発行する国際標準化機構（International Organization for Standardization）のことである．商品経済の国際化が進むと，各国間で共通な規格が必要となり，フィルム感度やねじなど現在私たちが日常生活で使っている製品には国際的な標準化が図られているものが少なくない．このような主として工業製品の国際的な標準化を進めるために設立されたのが，ISO である．ISO は，国際標準化機構の英文の頭文字ではなく，ギリシア語の"isos"の"相等しい"という意味から規格・標準化を推進する機関の名称に用いられている．

ISO では，標準化とは"関係する全ての人々の便益を目的とする特定の活動に向かって規則正しく接近するためのルールを作成し，適用すること．規格とは満たされるべき一連の条件を記載した文書や基本的な単位又は物理常数"と定義している．要約すると，標準化とは"共通の認識をルール化すること"，規格とは"共通の認識をまとめた文書"といえる．

近年になって ISO では，モノの標準化から更に一歩進めて，モノを生み出す組織のシステムの標準を作成しようという議論が活発に行われるようになった．そして，1979 年に ISO 内に"品質管理と品質保証"に関する規格原案を作成するための専門委員会（TC：Technical Committee）である TC 176 が設けられた．

1987 年に ISO 9001 の初版が発行され，1994 年，2000 年，2008 年の改訂

を経て2015年改訂に至っている．現在では，全世界で数多くの組織がこれを適用している．

ISOのルールでは，規格が陳腐化することを避けるために，5年に一度見直すことになっている．そこで，ISO 9001は1994年に小規模の改訂が行われ，2000年には抜本的改訂が行われた．2008年には，規格の意図の理解にばらつきがあるといわれる箇所について見直しが行われた．2015年改訂の内容は2008年版のISO 9001で既に本質を理解していた人にとっては，極めて常識的な内容であろう．

2008年までの要求事項では，品質方針を前提にマネジメントシステムがあるとしての考えで，なぜこのような品質方針に至ったかは要求事項にない．しかし，品質方針策定については，序文で組織を取り巻く環境や組織実力等を考慮して設定するようにと解説されている．2015年改訂では，序文にあった品質方針策定の考え方が，要求事項として追加された．

ISO 9001は品質マネジメントシステムに対する要求事項として，ISO 9004：2009（組織の持続的成功のための運営管理—品質マネジメントアプローチ）は，より高い成果を求めるための品質マネジメントシステムの指針として位置づけられている．ISO 9000：2015はISO 9001とISO 9004の基本的な考え方と用語の定義がまとめられている．

4.1.2　ISO 9001は組織の品質マネジメントシステムが備えるべき要件

ISO 9001の"1　適用範囲"では，次のとおり規定されている．

───────────────────────────── ISO 9001 ─

1　適用範囲

　この規格は，次の場合の品質マネジメントシステムに関する要求事項について規定する．

a) 組織が，顧客要求事項及び適用される法令・規制要求事項を満たした製品及びサービスを一貫して提供する能力をもつことを実証する必要がある場合．

4.1 監査基準である ISO 9001 とは

b) 組織が，品質マネジメントシステムの改善のプロセスを含むシステムの効果的な適用，並びに顧客要求事項及び適用される法令・規制要求事項への適合の保証を通して，顧客満足の向上を目指す場合．
……（以下，省略）……

ISO 9001 では，品質マネジメント全体に焦点を合わせ"点と線"（つながり）のイメージで要求事項を分解し，組織の向上に結びつくように P（計画），D（実行），C（確認），A（処置）のつながりの視点から全体の構成を整理している．

品質マネジメントシステムは，プロセスのネットワークである．日本では，以前よく用いられていた"品質保証体制"と同意語と考えてよい．ただし，品質保証と品質管理の関連は，ISO 9001 では図 4.1 のように位置づけられており，日本のこれまでの考えと若干異なっている．

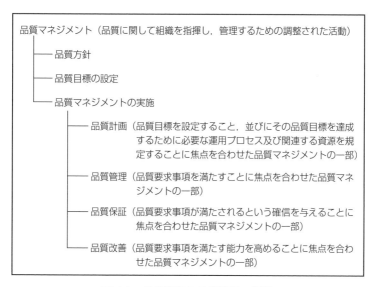

図 4.1　品質保証と品質管理の関係

4.1.3 ISO 9001 に基づく品質マネジメントシステムと TQM での品質保証体制との違い

かつての JIS（JIS Z 8101:1981　品質管理用語，現在は廃止）の定義では，品質保証とは"消費者の要求する品質が，十分に満たされていることを保証するために生産者が行う活動"，品質管理とは"買手の要求に合った品質の品物又はサービスを経済的に作り出すための手段の体系"と定められていた．このことからもわかるように，日本では"品質保証するために品質管理を行う"という概念が一般的である．筆者がかつて在籍した K 社でも，品質保証とは"お客様が安心して買うことができ，それを満足して使用することのできる商品を提供するための体系的活動"と定義し，そのための管理技術を品質管理と位置づけていた．

顧客の立場からすると，安心して買うことができ，それを満足して使用できるということは"買う前，買った後の状態も含めて期待の品質（価値と考えてもよい．）のモノが手に入る"こと，すなわち組織には顧客の期待に応えられる体制があるかどうかである．この点から考えても ISO 9001 の品質マネジメントシステムと TQM の目的は，顧客の期待に応える製品を提供する目的のために体制はどうあるべきかという点では同じである．すなわち，ISO 9001 に基づく品質マネジメントシステムと TQM での品質保証体制は，同じと考えてよいと思う．

ISO 9001 は，MIL，NATO の軍規格（購入者，すなわち顧客の立場）がルーツである．TQM は，組織が購入者の立場に立つという着眼点で考えてきたものなので，見方が異なることは間違いない．ISO 9001 の要求事項は，目的指向的（what to do）な整理の仕方で，TQM で紹介されている内容はどちらかというと手法的（how to do）である．それぞれがマトリクスの関係になっていると考えると理解しやすい．全体像を描いて，現状を見直すためには，社内にこれまで浸透していた TQM の思想・目的と同じだがアプローチが異なる ISO 9001 は大変役に立つ．

K 社の場合，次に示すとおり，TQM の考えをもとに永年活動し，品質保証

4.1 監査基準であるISO 9001とは

体制を構築し進化させてきた．

1961(昭和36)年，品質管理導入とともに，まず手がけたのは不良半減活動と工程能力把握活動など生産現場の品質管理活動である．それらの活動を通じてQC工程表，QCサークルなどができあがった．その後，1970(昭和45)年から1974(昭和49)年にかけて実施した大型ブルドーザの品質向上活動と相まって製造工程の要因管理の充実が図られ，生産段階での品質マネジメントシステムの基本ができた．しかし，量産立ち上がり時にまだ不具合が多く，不十分なところがあった．その改善策として，生産性の検討を行い製造品質が設計

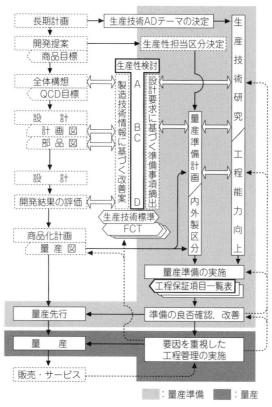

図4.2 製造の品質マネジメントシステムの例

品質に適合し得るかどうかを事前に予測し，改善策を提案することによって，立ち上がりから円滑な製造品質の作り込みを確実にし，また，製造品質を設計品質に適合させるために必要な量産準備項目を摘出し，開発段階から準備計画を明確にして抜けのない製造品質の作り込みを図り，立ち上がりから円滑に量産移行させる品質マネジメントシステムができた（図4.2参照）．

一方，設計品質についても，1961年の生産現場の品質管理活動に少し遅れて，中型ブルドーザを対象として，市場調査と品質情報の解析結果から大がかりな設計変更を実施し，その活動をもとに品質目標値設定から耐久性評価までの新製品評価システムの基盤ができあがった（図4.3参照）．1970年から1974年に実施した大型ブルドーザの品質向上活動では，市場品質情報の解析の仕方は大幅に変わり，特にこのころから信頼性設計，信頼性試験などの信頼性管理も取り入れ，信頼性に関するフィールド情報の収集システムもできた（図4.4参照）．

さらに，固有の信頼性のほかに使用の信頼性の考え方も加わり，ユーザニーズに適合した商品を販売するための各種コンサルティング活動，販売した商品の機能を十分に発揮させるための予防保全・休車時間短縮活動など，販売・サービス段階における品質マネジメントシステムもできた（図4.5参照）．

1975（昭和50）年のはじめからは，要求品質の明確化と技術の先取りによる特徴ある商品目標設定の手法，予測技術の活用などの商品開発システムが構築されてきた（図4.6参照）．また，ユーザニーズを的確に把握することによって，当然ながらユーザが気づいていないニーズをつかまえ，多様化する市場ニーズを先取りし，特徴ある商品を企画するシステムも構築してきた（図4.7参照）．その結果，組織全体の品質マネジメントシステムができた．なお，現在は，低成長・国際化の時代の問題にも対処できるように変わってきている．

このように，どの組織もその時代その時代の問題を解決することによって，段階的に品質マネジメントシステムができあがり，具体的な実施の内容も各種標準類によって伝承し，現在の品質マネジメントシステムの基盤になっている．言うなれば局面対応で永年積み上げてできた品質保証体制（品質マネジメントシステム）でもある．

4.1 監査基準であるISO 9001とは

品質保証体制（品質マネジメントシステム）は，TQMを通じて，システムの源流管理を可能にする．当初は製品・部品などの不具合に対して保証書で約束して顧客の期待に応えようとした．しかし，いくら代替品を無償で渡しても購入者にしてみれば不安で再度購入する気にはならない．売れなければ組織として困るので不良品を流出させないように検査主体のシステムを作り，しっかり検査して出荷するようになった．

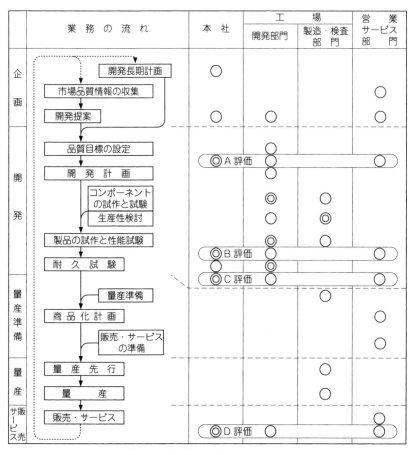

図 **4.3** 新製品評価システムの例

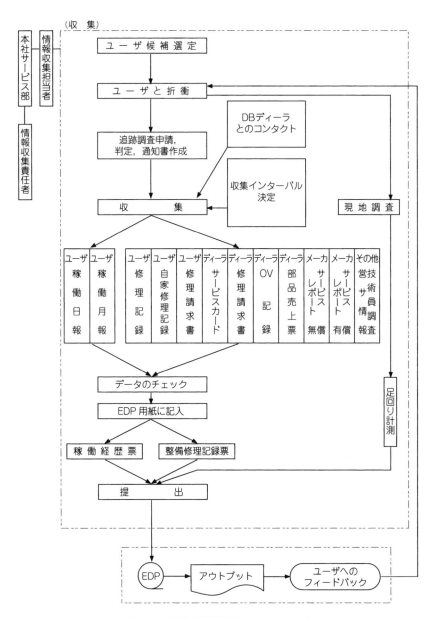

図 4.4 追跡車情報収集システムの例

4.1 監査基準である ISO 9001 とは

しかしながら，顧客の信頼感は高まるが，組織としては検査中心のシステムでは生産性が上がらないので，作り込みのときに不適合品を出さないような製造工程を強化してきた．不適合品はなくなったといっても機能・性能が購入者の期待に応えていなければ十分な満足は得られない．これらのことは仕様書・図面などを作るときに十分検討されなければならないことから，企画・開発のシステムの強化に移ってきた．

さらに，丈夫で長持ちという顧客の期待に対して，信頼性の考え方が導入さ

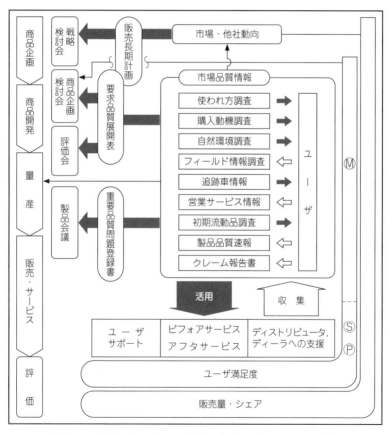

図 4.5 販売・サービスの品質マネジメントシステムの例

れ，商品そのものの信頼性（固有の信頼性）は当然であるが，顧客の使い方も信頼性（使用の信頼性）に重要な関わりをもっているということから，販売・サービスのシステムのレベルも重要視されてきた．当然のことながら，PL・環境関連についても対応できるよう進化してきている．

このような歴史の中で，TQMは問題を解決し，顧客の期待に応え，コストのかからない品質マネジメントシステム作りとその改善に寄与してきた．その結果，目的である顧客の期待に応える製品を提供することを可能にしてきた．

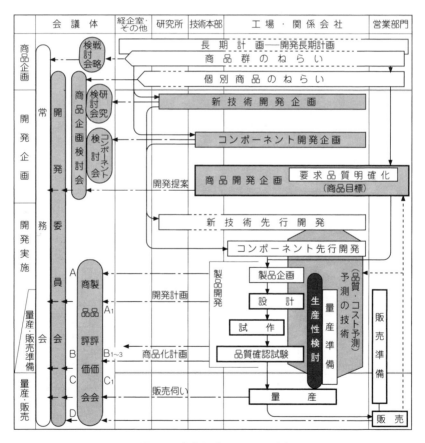

図 4.6　商品開発システムの例

4.1 監査基準である ISO 9001 とは

一方，ISO 9001 の要求事項は，全体構造が見える形で整理されている．これまで TQM を取り入れていない組織にとっても，まず現状を整理して，規格の意図に基づき改善を進めようとすると，やはり TQM の考え方や手法の必要性に気づくはずである．

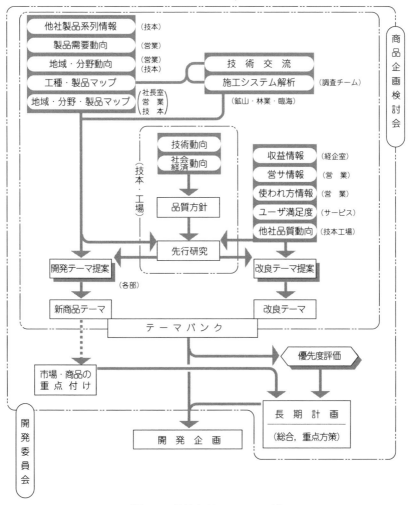

図 4.7 商品企画システムの例

4.1.4　ISO 9001 の基本思想と 2015 年版における変更点の意図

　ISO 9001 でいう"満足"とは，原文の"satisfaction"という単語の解釈からいっても，"とことん満足させる"という意味ではない．"まあまあ満足するレベルにある"という程度で，"優，良，可"でいえば"可"のレベルである．したがって，ISO 9000 の"3.9.2　顧客満足"では"顧客の期待が満たされている程度に関する顧客の受け止め方."と定義されている．

　"顧客満足"を重視するためには，まず誰が顧客なのかを明確にする必要がある．最終の顧客は，製品・サービスの消費者・利用者となるが，中間に販売業者が入る場合には，販売業者も顧客となる．この際，それぞれの顧客が何を期待しているかを考えてみることが重要である．

　次に，顧客要求事項を把握し，それを取り込むための仕組みを作らなければならない．そのための仕組みには，顧客関連，設計・開発のプロセス等では，顧客から明示された要求事項だけでなく，暗黙知の要求事項を把握することや，製品実現のプロセスでは，与えられた質・量・コストを達成することができるようにする必要がある．

　ISO 9001 では，顧客がどのように受け止めたかに注目し，分析し，その結果を活用することを要求している．そのためには，まず組織としての目的を明確にすること，例えば，リピータを増やしたいのか，組織イメージや信用を高めたいのか，単にクレームを減らしたいのか，などを明確にすることも重要になってきている．

　次に，"継続的改善"についていえば，規格が要求しているのは品質マネジメントシステムの有効性の継続的改善であって，製品・サービスの改善を要求しているわけではないことを理解しておく必要がある．しかしそうは言っても，製品・サービスの質の向上につながらなければ意味がないのも事実である．品質マネジメントシステムを運用して得られる活動の結果が改善されることを期待していると考えるとよい．

　ISO 9001 の概要と 2015 年版での主要な改訂点は，次のようなものである．

4.1 監査基準である ISO 9001 とは

(1) ISO 9001 の概要

① 製造業中心から，全ての業種・規模の組織に適用可能である．
そのため，適用不可能な場合は要求事項の一部を除外してもよいが，その理由を明確に記述しなければならない．

② プロセスアプローチの観点から，ISO 9001 の"4　組織の状況"をもとに，"5　リーダシップ"，"7.1　資源"，"8　運用"，"10　改善"でPDCAのループを構成し，品質マネジメントシステムの継続的改善を図るという図式になっている．これは，ISO 14001 と箇条が整合されている．

③ プロセスアプローチという考え方が採用されている．
全ての業務は，インプット，プロセス，アウトプットで表すことができ，良いアウトプット（結果）を得たいならプロセスを管理しなさい，という考え方である．これは日本で言われてきた"品質は工程で作られる"と同じである．この観点から ISO 9001 の"8.1　運用の計画及び管理"の要求事項については，プロセスアプローチを優先して，適用不可能な要求事項は適用から除外してよいことになっている．

④ ISO 9001 は文書化することであるとの誤解が一部にあるが，そうではない．文書は何のために必要か，記録は顧客要求事項，規制要求事項や品質マネジメントシステムの要求事項への適合及び効果的な運用の証拠となり得るのかを考えて文書化するように，と ISO 9001 の"7.5　文書化した情報／ 7.5.1　一般"で規定されている．

(2) 主な変更点の意図

●序　文

① ISO 9001:2008 に記述されていた各組織を取り巻く環境やその組織の生まれ，強み・弱みなどによって品質マネジメントシステムは異なるものであることを強調した考えは，"4.1　組織及びその状況の理解"の要求事項となった．

品質マネジメントシステムとは，顧客重視で組織の目的・目標を達成させるためのシステムであり，この規格の意図に基づいて品質マネジメント

システムを実施することでの便益が示されている．

② プロセスアプローチについては，"意図した結果を達成するためにプロセス及びその相互関係を体系的に整理し，PDCAサイクルを回し最適化することができる"(要約)とある．この意図は，TQMで言われている"プロセスコントロール"や"結果でプロセスを見直す"ことに通じる．表現は多少変わっているが，ISO 9001:2008での意図と変わっていない．

●組織の状況（箇条4）

① ISO 9001:2008に含まれていたアウトソースは，外部プロセスの管理として，"8.4 外部から提供されるプロセス，製品及びサービスの管理"にまとめて整理されている．

② まず，組織を取り巻く外部及び内部の課題を明確にし，その変化も常に確認して，分析していくことを要求している．この課題が，"5.2 方針"へ展開されることになる．

③ さらに，品質マネジメントシステムに関連する顧客を含む利害関係者を明確にして，それらの期待とニーズを明確にし，その変化も常に確認して，分析していくことを要求している．

④ ②，③をもとに品質マネジメントシステムの適用範囲を決め，品質マネジメントシステムを設計することを要求している．

　ISO 9001:2008では，品質方針を前提にマネジメントシステムがあるとしての考えであった．なぜこのような品質方針に至ったかは要求事項の対象になっていなかった．したがって，品質方針は"組織の目的に沿って適切である"との要求事項はあるが，組織の目的に適切かどうかは判断できないが，ISO 9001:2015箇条4で組織を取り巻く環境や組織実力等を明確にするようにとの要求事項が追加されたので，設定根拠がはっきりしていないスローガン的な方針の適切性の判断ができる．

●リーダシップ（箇条5）

　トップマネジメントが行なわなければならない内容について，ISO 9001:2008より具体的に要求している．品質マネジメント原則に則った品質マ

ネジメントシステムはトップマネジメントのリーダシップが不可欠である．部下へ丸投げでの品質マネジメントシステムの構築・運営はうまくいかないということでもある．

●計画（箇条 6）

組織を取り巻く外部及び内部の課題をリスクと機会の観点から方策を展開し，その目標の展開と具体的な活動計画を策定すること，その変更管理についても要求している．この箇条は，ISO 9001:2015 で追加された箇条で，ISO 9001:2008 の "5.4　計画" を具体化した要求事項でもある．

●支援（箇条 7）

品質マネジメントシステム運営していくためには，人材・インフラストラクチャ・資金が不可欠である．この規格では，直接資金に関する要求事項には触れていないが，人材・インフラストラクチャに関する要求事項で，ISO 9001:2008 の "6.1　資源の提供" とそのほか "4.2　文書化に関する要求事項"，"7.6　監視機器及び測定機器の管理" が取り込まれているが基本的には意図は変わっていない．

さらに ISO 9001:2015 では，"7.1.6　組織の知識" が追加された要求事項である．組織としてどのようなノウハウをもつべきか，組織としての潜在能力をどのように進化させるかの必要性について考慮すべきことを要求している．大変重要な項であるが，以外と意識して活動していない要件かもしれない．

●運用（箇条 8）

① ISO 9001:2008 では，"関連する法令・規制要求事項" から "適用される法令・規制要求事項" へ変更になった．ISO 9001:2015 の "8.2　製品及びサービスに関する要求事項" ではそのまま継承している．

"関連する法令・規制要求事項" と "適用される法令・規制要求事項" の違いは，例えば，フォークリフトの修理業の場合，顧客から預かったフォークリフトを修復して返すサービスが製品であると考えられる．作業用の小型クレーンの仕業点検は行われているが，特定自主点検（労働安全

衛生法）が実施されていない場合，この要求事項との関係はどうなるだろうか．"関連する法令・規制要求事項"で考えれば該当しないが，"適用される法令・規制要求事項"で考えるとしたら，該当することになる．

　製品及びサービスに関する要求事項の明確化の観点からは，業種によっても同じ法令・規制要求事項が適用されたりされなかったりすることになる．しかし，ISO 9001の"7.2　力量"の観点からは，要員の力量には，フォークリフトの特定自主点検（労働安全衛生法）に関することが必要である．そのときの法令・規制要求事項をどのように入手して，人的資源のプロセスに適用するかが重要になる．

② 　ISO 9001：2008での設計・開発のレビュー，設計・開発の検証，設計・開発の妥当性確認は"8.3.4　設計・開発の管理"として整理された．基本的には，ISO 9001：2008"7.3　設計・開発"の意図と変わるわけではないが，わかりやすくするため具体的に記述された．

③ 　"8.1　運用の計画及び管理"，"8.5　製造及びサービスの提供"，"8.6　製品及びサービスのリリース"，"8.7　不適合なアウトプットの管理"は，ISO 9001：2008"7.1　製品実現の計画"，"7.5　製造及びサービス提供"，"8.3　不適合製品の管理"の意図と変わるわけではないが，わかりやすくするため具体的に記述された．

●パフォーマンス評価（箇条9），改善（箇条10）

① 　品質マネジメントシステムの質向上のための活動結果の評価で何をすべきかを"9.1　監視，測定，分析及び評価"，"9.2　内部監査"，"9.3　マネジメントレビュー"として整理された．特に，"9.1　監視，測定，分析及び評価"は，ISO 9001：2008の"8.2　監視及び測定"と"8.4　データの分析"をまとめたものである．ISO 9001：2008の意図と変わるわけではないが，わかりやすくするため具体的に記述された．

② 　改善についても，ISO 9001：2008の"8.5　改善"を見直した内容となった．『旧規格（ISO 9001：2008）では"予防処置"と"是正処置"とが併記されていたが，最近の不適合を見ると，過去に経験済みの原因で発生しているも

のが多く，予防処置をより徹底した形で実践することが求められるようになってきた．このため，プロセスアプローチを前提にした上で，計画段階でプロセスに伴うリスク及び機会を明らかにし，それらを考慮して予防処置を組み込んだシステムを計画し，実施し，その結果を評価して不十分な点があれば改善するというモデルに置き換えた．結果として，この規格（ISO 9001:2015）では，是正処置と併記されていた予防処置の箇条が削除されている．』と JIS Q 9001:2015 の解説で述べられている．この点も頭に入れて読みとるとパフォーマンス評価（箇条 9），改善（箇条 10）の意図は理解しやすくなる．

4.1.5　ISO 9001 の要求レベル

　一言でいうと，ISO 9001 とは，組織の品質マネジメントシステムが備えている要件（留意してほしいこと）(what to do) について国際的な規格にしたものである．例えば，買い物に行って急いでいるにもかかわらず店員がおしゃべりしてなかなか応対してくれないようなとき，具体的な教育内容（how to do）はともかく，何か従業員の教育（what to do）をしてほしいものだと思うことがある．ISO 9001 は，このような気持ちを品質マネジメントシステムとしてまとめたものである．日本の組織で用いている"品質保証協定書"と同じような考えのもので，決して具体的な仕事のやり方（how to do）まで要求しているものではない（図 4.8 参照）．日本の"品質保証協定書"は検査とクレームに関することが大半であるが，ISO 9001 では，顧客との打合せ・契約段階からサービス段階までについてのシステムや組織全体のレベルアップのための仕組みに対しての着眼点も整理されている（図 4.9 参照）．

　前述のように，日本では品質管理活動の結果が逐次積み上げられて具体的な仕事のやり方ができ，それらをまとめて品質マネジメントシステムができた．一方，ISO 9001 は具体的な仕事のやり方を規定したものではなく，組織の品質マネジメントシステムが備えている要件でチェックリストのようなものである．

　現在の製品が一応の品質を確保していると考えている組織にとっては，新た

品質保証協定書

第1章　品質保証

（目　的）
第1条　本協定は甲の品質を維持向上させ，また不良品の発生を防止するために甲及び乙が実施すべき諸事項を定め，もって甲，乙双方の品質保証体制を確立するとともに，甲の最終ユーザの満足を得ることによって，甲，乙両企業の発展に寄与することを目的にする．　　　　　　　　（ISO 9001 "1　適用範囲" 相当）

（保　証）
第2条　1.乙は，納入品につき甲が要求する品質を満足し，かつ，信頼できるものであることを保証する．
　　　　2.乙は，次条により甲が指示する品質仕様に適合する納入品を製作し，第6条により甲に提出する検査基準書に従い自主検査を実施の上，それに合格したものを納入するものとする．(ISO 9001 "8.4.3　外部提供者に対する情報" 相当)

（品質仕様）
第3条　……

（品質仕様覚書）
第4条　……

（品質保証責任者）
第5条　乙は，納入品に関わる乙の関係事業所ごとに品質保証責任者を選任し，甲に届け出るものとする．　　　（ISO 9001 "5.3　組織の役割，責任及び権限" 相当）

（検査基準書）
第6条　……

（荷　姿）
第7条　甲及び乙は，納入品の防錆，防塵，防傷，その他品質維持を目的として，協議の上，荷姿を設定するものとする．　　　　　（ISO 9001 "8.5.4　保存" 相当）

（熱処理工程）
第8条　……

（保安部品）
第9条　……

（無検査部品）
第10条　1.甲は乙の品質保証体制が十分に整備され，かつ，納入品の品質が継続して保証されると認めた場合，当該納入品を無検査部品とする．
　　　　　2.無検査部品の指定，解除の判定基準は，甲が定める甲の社内規則に従う．
　　　　　3.……　　　　　　（ISO 9001 "8.4.3　外部提供者に対する情報" 相当）

（初物管理）
第11条　……

（監　査）
第12条　1.甲は，甲が必要と判断した場合にはいつでも乙の事業所において納入品の立入検査を実施し，又は乙の品質保証体制を監査できるものとする．
　　　　　2.……　　　　　（ISO 9001 "8.4.3　外部提供者に対する情報" 相当）

第2章　クレーム補償
　　……

第3章　その他
　　……

図4.8　品質保証協定書の例

4.1 監査基準である ISO 9001 とは

に構築を必要とするような高度な品質マネジメントシステムは要求されていない．要求レベルは極めて基本的なことで，まず現状の品質マネジメントシステムを ISO 9001 の規格で点検し，仕事のやり方を決め（標準化），決めたらそれを文書にしたり（どこまで文書にするかは業務を実施する人の技能と訓練の程度で自分で決めればよい．），組織内の申し合わせとして徹底し，そのとおりに実行し，その記録を残す，すなわち"要求事項に対して決められたことがそのとおりに実施され，その証拠がある"ことの行動から品質マネジメントシステムの質を上げていくことである．

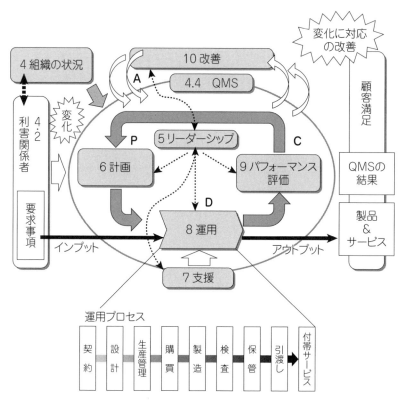

図 4.9 規格のプロセスを基礎とした品質マネジメントシステムのモデル

つまり，ISO 9001の要求レベルは，"要求事項に対して仕事の決まりを明確にし，決まりを守って仕事をし，もし具合が悪ければ決まりを見直すこと"であり，これが継続的に行われている組織は期待の品質を作る体制ができていて安心できるという考えである（図4.10参照）．この行動のポイントは"仕事の決まりは明確になっているか，決めたとおりにやっているか，決まりは適切か"である．デミング賞，日本品質管理賞などの当初からレベルの高い仕事のやり方を競っているものとは，多少着眼点が違う．

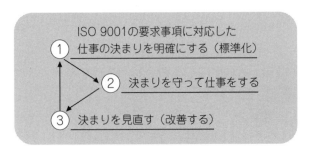

図4.10 ISO 9001の要求

4.2 品質マニュアルの目的と内容

ISO 9001:2015では，品質マニュアルの作成の要求はない．しかし，"7.5 文書化した情報／7.5.1 一般"では，"b) 品質マネジメントシステムの有効性のために必要であると組織が決定した，文書化した情報"としている．今後も文書化した情報としてISO 9001:2008で有効であった品質マニュアルを作成するのがよい．

4.2.1 品質マニュアルとは

品質マニュアルとは，ISO 9000の3.8.8では，"組織の品質マネジメントシステムについての仕様書."と定義されている．顧客に製品を売り込むとき，

4.2 品質マニュアルの目的と内容

通常は製品カタログと会社案内で説明する．会社案内に"当社の品質管理"又は"当社の品質保証体制"が記載されていることがあるが，品質マニュアルはこれを国際的に共通な規格で整理したものに相当すると考え，品質マニュアルでその会社の特徴がPRできるとよい．組織内の人には，自組織の仕事の仕方・管理の仕方の思想が理解できるようにするための文書と考えるとよい．内部監査では，ISO 9001，品質マニュアルとその他の文書化された情報が監査基準の中心である．

4.2.2 品質マニュアルの位置づけ

品質マニュアルは細かい作業標準類，そして部門間にわたる規格類などの上位に位置づけるとよい（図 4.11 参照）．しかし，規格・規定などの上位に位置するものと考える必要はない．品質マニュアルは，ISO 9001 の意図を汲んだ仕事のやり方・管理の仕方を仕事の流れに沿って概要的内容を記載する．小規模の組織ならば，品質マニュアルに全ての仕事のやり方・管理の仕方を記載してもよい．とにかくどのような仕事の流れ（プロセスと役割分担）かがわかることが重要である．そしてそれは顧客の信頼を裏切らないものであることは言うまでもない．

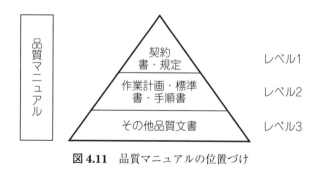

図 4.11 品質マニュアルの位置づけ

4.2.3 品質マニュアルの内容

どのような仕事の流れ（プロセスと役割分担）かがわかることのほかに，次

の観点からまとめるとよい．

① ISO 9001 の要求事項に対し，どのように仕事を実施しているかを記述するものであるが，あるべき論を記述しても，あるいは審査登録を容易にしようとして簡単にしても，実態が伴わなければ意味がない．これからの改善のスタートラインになるものである．

② 第三者審査の審査員は，具体的な仕事のやり方は各組織の歴史と経験によるとの認識である．決めたとおりの仕事のやり方・管理の仕方で粛々と運用していても，その仕事の目的を達成しなかったり，製品品質が悪化したり良くなっていないのに次の手を打っていないときは，問題点を ISO 9001 のいずれかの項目の意図に基づき指摘するが，"その仕事のやり方・管理の仕方が製品品質に対して妥当か"との技術的質問はしないことになっている．だからといって，製品品質に影響すると思いながら手を抜くべきではない．

　一方で，認証取得という面から，どのくらいのレベルまで文書化し，実施すればよいか悩むケースも耳にしている．それよりも品質マニュアルに記述された仕事のやり方・管理の仕方だからこそ，顧客に安心してもらえ，組織の発展につながっていると自信をもつことが重要である．

　ある組織の製造現場で管理図が掲示されていて，前日とその日は管理限界をオーバーしてプロットされていたので"この後どうするのか"と質問したところ，その現場の管理者は大変困り，"ISO 9001 の認証取得に当たって，どこまでやれば合格するのか"と反対に質問を受けた．そこで，"ISO 9001 を認証取得しないとしたら何もしないのか，何のために管理図を書かせているのか"と質問したら，"本来の目的どおりの管理図の使い方は実情から見て大変難しいので，トレンドを見て設備の劣化を見ることになる"との回答があった．"それで顧客に迷惑をかけないと考えているならば，そのやり方を品質マニュアルに記載し，実行できれば ISO 9001 認証取得には問題なく，後はそれをもとに具合が悪ければ直していけばよい"と話したら納得してくれたことがある．したがって，決め方の

レベルは，顧客に"迷惑をかけない"，"安心感を与える"，組織にとって"効果的である"という観点を忘れずに，工場の幹部の経験から自信をもって決めればよい．

なお，管理図とは，対象工程が安定しているかどうかを判断することが本来の目的であるから，管理限界を外れたときには工程のどこかに問題があるのではないかと原因を追求し，プロセス改善につなげるべきである．

③ 自組織内の人にはもちろん，顧客の代理である審査員にもわかりやすく平易に記述すべきである．規格の意図からすると，仕事の流れとその目的を十分認識の上，各人の責任と権限が明確にされていることが期待されている．自分の周りの仕事の流れは知っているが，意外と顧客までにつながる全体の流れは知らないことが多い．審査登録を通じて自組織の仕事の流れがよくわかったという話も聞く．

品質マニュアルは，規格の文言に限りなく近いものでよいという人もいるが，これではおそらく自組織内の人も自組織の仕事の流れを読み取ることはできない．まして，個別組織の業務内容をよく知らない顧客の代理である審査登録機関の審査員にとっては，一字一句説明を受けないとまず理解できないだろう．前述したように，自社紹介の際の製品カタログと対になる会社案内に相当するものと考えると，第三者に理解できないものは全く意味のないものとなる．

組織によっては社外の人には機密扱いにしているところもあるが，本来の品質マニュアルの意味合いではない．積極的に組織外に活用することも考えてまとめるとよい．

4.3 審査登録制度とは

4.3.1 審査登録のねらい

相手組織の実力がわからない場合，顧客は品質トラブルや約束の不履行が心配で，安心して取引ができず，取引に消極的になる．そこで，品質マネジメン

トシステムを外部から見えるようにして，第三者の（客観性のある）審査登録機関によって証明し，安心して取引できるようにすることが審査登録のもともとのねらいである．したがって，実績のある取引先に対してはこのような必要性はない．ECから始まった認証（審査登録）ではあるが，世界が一つの経済圏として，製品流通を円滑に進めるために，グローバルで差別なく公平な共存社会にしようというねらいがあることを知っておくとよい．

一方，最近では日本の組織の多くは，このような意図よりもむしろ，自組織の品質マネジメントシステムをISO 9001の体系に沿って見直すこと，及び海外生産拠点組織と品質マネジメントシステムのコンセプトを共有し，グローバル化のための言語とすることを目的として，審査登録を受けているところも多い．

審査登録では，審査登録機関が品質マネジメントシステムについて，製造メーカ，サービス提供組織などを直接審査して適合と判断したときに認証書を発行する．

4.3.2 審査登録制度の考え方

購入に際し検査の困難な製品があり，我が国でも品質要求の高度化に応じ"製造上の条件に関する規格"が定められ，それが取引の条件になっている．例えば，シャフトにめっきをする場合"めっき厚さが5 μm"という規格を作っても，破断して検査しないとわからない．このようなとき，購入先にめっき溶解液へ浸す時間，液の濃度などの作業条件や記録の取り方などを決めて実行するようにとの条件を決めることがある．

このようなことが発展し，要求事項として定められ体系化したものが，ISO 9001の規格といえる．検査も"モノ"の検査だけでなく，前述のような"製造条件に関する規格"が守られているかを見るために，工程監査（日本の場合は第二者監査が多い．）がある．更に対象を拡大し，組織の品質マネジメントシステムがISO 9001の意図を汲んでいるか（適合しているか）について，審査の客観性を高めるために第三者の審査登録機関の審査員が実施するのが審査

登録制度である．適合していることが確認できれば，世の中に公表する．したがって，特別なものではなく，組織の一つの情報開示でもある．

4.3.3 第三者審査とは

まず，第一段階登録審査（審査登録機関によっては名称が異なることがある．）では，事業の強みや弱み，適用する法令・規制の適法性，組織の品質マネジメントシステムが自組織の目的・目標を達成するため，また顧客要求事項を満たすために適切かについての確認に必要な品質マネジメントシステム，品質方針，品質目標，リスク，プロセス，組織のインフラの状況などの情報を得るなど，審査というより，準備状況などについての実地での確認と打合せが行われ，その後2～3か月経てから第二段階登録審査が実施される．

各組織とも仕事のやり方が全くないはずはない．そこで第二段階登録審査では，ISO 9001の意図を汲み自己宣言した品質マニュアルに対する適合性，すなわち決めたとおりに実施してプロセス改善ができる体制かを確認・評価する．そのために，現状の整備で審査登録ができると，こんなやさしいものかと誤解している組織もある．

第二段階登録審査では，組織において品質へのスタンスが共有され，同じ認識下で仕事を進め管理し始めたかを確認・評価する．品質マネジメントシステムの維持・改善のスタートラインが整備された状態であることを知るべきである．特に，ISO 9001での継続的改善の要求事項を考えると，維持審査では継続的改善の体制について重点的に議論することになる．入学は比較的やさしいが卒業は難しいといわれている米国の大学の考え方と似ている．

維持審査は，半年又は1年に1回，更には審査登録から3年後に登録審査とほぼ同じ規模で更新審査が実施される．

更新審査では，現状を確認・評価することとあわせ，前回の更新審査時より品質マネジメントシステムがどの程度組織の目的・目標達成のために改善され，寄与しているかの議論をすることになる．これは，次なる3年間に向かってPDCAを回すことでもある．

4.4 内部監査の積極的な活用

4.4.1 ISO 9001 と TQM の融合で品質マネジメントのスパイラルアップ

前述のように内部監査の目的は，品質マネジメントシステムが正しく機能しているかの客観的な判定と，そこで明らかになった不備に対する的確な是正処置及び更なる改善の実施である．この成否が，品質マネジメントシステムの維持と段階的な発展を左右するといえる．審査登録機関の審査員は各組織の歴史と経験を熟知できないので，このようなことを審査登録機関に期待しても限界がある．それゆえ，内部監査のやり方が大変重要になってくる．

内部監査は，品質保証部門の手伝いと考えるのではなく，ISO 9001 に適合する経済的な品質マネジメントシステムを作り込んでいく仕掛けであり，決めたとおりに実施されていたとしても，経験を活かしてどんどん改善を提案し，被監査側と一緒になってやり方を考え，効果があったかどうかまでを見ていくべきであろう．そのためには，専門技術だけではなく問題発見のための監査技術も磨いていく必要がある．さらに，改善に当たっては，これまでのTQMの考え方と手法を地道に活用すれば，品質マネジメントシステムの確実なレベルアップが期待できる．

したがって，内部監査はISO 9001 と TQM とを融合させる接点でもある．

4.4.2 ISO 9001 の活用は TQM のルネッサンスの始まり

ISO 9001 は従来の品質保証協定書のようなものであり，顧客重視で品質マネジメントシステム上での要求事項（顧客の立場から組織の品質マネジメントシステムに留意してほしいポイントを体系的にまとめたもの）が規定されている．今，組織がISO 9001 認証を取得するためには，これに応えて具体的な実施方法（how to do）を要約して記載した品質マニュアルをもとに"決めたとおりに実行し，品質マネジメントシステム上，具合が悪ければ改善していく"必要がある．

4.4 内部監査の積極的な活用

　1960年代に各社が品質管理を導入した時代には，品質的にも現在とは比べものにならないほど劣っており，品質管理の考え方と手法はブレークスルーの役割を果たした．しかし，最近では品質管理の考え方と手法の活用もかなり成熟の時期に入り，下手をすると簡単な問題にも高度な品質管理の手法を使わせたり，資料の形式を重要視したりするなど，品質管理そのものが目的化しがちである．

　大抵のモノは高品質という低成長から非成長の時代にあって，何が品質管理の成果かがわからなくなってきている．これらのことが原因となって，TQMに対して大変なアレルギー反応を起こすことも少なくない．

　そのような中で，審査登録によって"決めたとおりに実行する"ことを身につけて，日常業務を通じて見つけた問題を解決する際，問題解決のために知らず知らずのうちにTQMの考え方と手法を用いていけば，TQMの良さ（品質管理の原点）もわかり，新しい時代の活用の仕方も研究されてくると思う．

　これは新しいTQMのルネッサンスではないだろうか．そのためにも内部監査は重要な意義をもっている．

　以上のようなことから，内部監査を効果的に実施することは，組織の品質マネジメントシステムのレベルを経済的に向上させることになる．

　ISO 9001による品質システムの見直しは，仕事のやり方の5Sでいう"整理・整頓・清掃"に似ている．いるものといらないものを分けて，必要なことだけを品質マニュアルに記載する．それに基づき継続することは5Sでいう"清潔・しつけ"に相当する．とにかく整理された品質マニュアルで"決めたとおりにやっているか，その決め方はよいか"の着眼点で"内部監査"することは"問題発見"をするきっかけとなり，その問題の是正をしていけば品質マネジメントシステムの経済的なレベルアップに通じる．その是正活動の中でこれまで経験してきたTQMの考え方と手法も，アレルギー反応を起こすことなく自然に活用できるであろう．

　すなわち，内部監査を通じてISO 9001とTQMの融合を図ることが，新しいTQMの始まりでもある．

4.5 審査登録機関による審査と内部監査との違い

　審査登録機関による審査は，ISO 9001の意図を留意してまとめられた品質マニュアルのとおりに，仕事が効果的に行われているかどうかをチェックし，客観的証拠に基づき"問題点を指摘し，実行を確認する"役割であるが，内部監査では，組織が決めた品質マネジメントシステムに対する要求事項の意図が監査基準として追加される．ISO 9001に含まれていない研究，商品企画，生産技術，総務，経理等のプロセスについて組織で考えで取り決めている内容がそれに該当する．それだけにとどまらず"改善意見を述べる"ところまで実施すべきである．なぜならば，審査登録機関の審査員には，その組織の固有技術も含めた状況を知ることは不可能だからである．

　ISO 9001では，どこまでのレベルで仕事しろとは要求していない．いい加減にレベルを決めても審査登録は受けられるかもしれないし，いつも問題があっても是正処置していればよしということになるおそれがある．しかし，改善の成果が上がらなければ顧客からも信頼されないし，審査登録費用など無駄遣いとなる．したがって，真に顧客の期待に応えられる仕事のやり方を決められるのは，組織の歴史と経験にほかならない．"仕事のやり方のレベルアップは内部監査に依存する"との前提がなければ，すべての業界に適用できる規格の策定は不可能であろう．

　ちなみに，デミング賞や日本品質管理賞の審査では，外部の専門家が"問題点と改善意見"を提案し，各組織は，提案を参考に高レベルの品質マネジメントシステム構築に役立てている．しかし，品質マネジメントシステム運用の継続性については各組織任せで，継続した運用にはかなりのパワーがいる．特に，準備過程での勉強のつらさによる品質管理アレルギー（QCアレルギー）や，取得後の人の移動，組織の変化による品質マネジメントシステムの風化によって，本来あるべき"全員の参画"にならず，地に足の着いた組織の力にはならないことがある．ISO 9001では，審査登録機関による定期的な維持審査や更新審査が外圧となり，日常業務への定着につながりやすい．そして品質マネジ

メントシステムのレベルアップには，内部監査が寄与するところが大きい．

4.6 内部監査で知っておいて損をしない管理技術

内部監査でTQMでの考え方や手法［方針管理（改善の基本），日常管理（維持の基本），計測管理（製品品質の基本），5S（行動の基本）］について知っていると，内部監査で確認したい内容がプロセスとそのネットワークとして頭に浮かび，マネジメントの奥にある問題・課題の議論につながる．

4.6.1 方針管理と日常管理の違い

TQMの方針管理は，ISO 9001の"5　リーダシップ"，"6　計画"及び"9.3　マネジメントレビュー"に着眼したプロセスのネットワークに該当する．

日常管理は，ISO 9001の"8　運用"と，その出来映えである"9.1　監視，測定，分析及び評価"，"10.2　不適合及び是正処置"のプロセスのネットワークに該当し，問題の大きさによっては，"5　リーダシップ"，"6　計画"及び"9.3　マネジメントレビュー"に着眼した方針管理プロセスのネットワークにもつながることになる．

まず，方針管理と日常管理の違いの概念を図4.12に示す．すなわち，目標を掲げ挑戦する活動が"方針管理"で，標準（申し合わせ）に基づき活動し，基準を外れた問題が出れば改善していく日々の活動が"日常管理"ということになる．

例として，図4.13に，製造部門における方針管理と日常管理の関係を示す．また，図4.14に，販売部門における方針管理と日常管理の関係を示す．

方針管理と日常管理は，その仕事の進め方が大きく異なる．方針管理は改善の基本であり，日常管理はこれまで諸先輩方の残していった良いところを引き継ぐ維持の基本である．

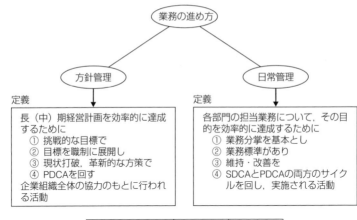

図 4.12 方針管理と日常管理

4.6.2 方 針 管 理

ISO 9001 の "5 リーダシップ"，"6 計画" 及び "9.3 マネジメントレビュー" をプロセスのネットワークで考えると，組織にとっては大きな PDCA (Plan-Do-Check-Act) での改善活動になる．この改善活動のポイントは，品質方針の作り方，各部門への品質目標の展開とフォローの仕方である．このプロセスのネットワークを確認する場合，TQM での方針管理の考え方を知っていると大きな PDCA での改善活動をプロセスとして議論することができる．方針管理とは，PDCA を回して問題・課題の目標を達成する活動である．

もちろん，ISO 9001 の "5 リーダシップ"，"6 計画" 及び "9.3 マネジメントレビュー" のプロセスのネットワークが方針管理そのものを意図した

4.6 内部監査で知っておいて損をしない管理技術

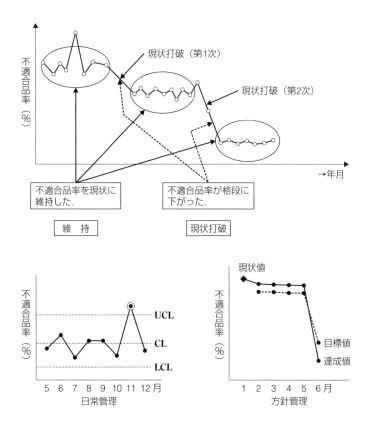

ボルトの取り付け方が悪く，ときどきクレームが発生している．

1. 日常管理
   作業者の訓練や締付けトルクチェックをして少し良くなってきているが，不適合品率がUCLを超えることがある．
2. 方針管理
   そこで今年度は人手に頼らずに締付けロボット導入を計画して，4月に導入し，4月〜5月で調整し，6月に目標を達成した．

図 4.13　製造部門における方針管理と日常管理の関係の例

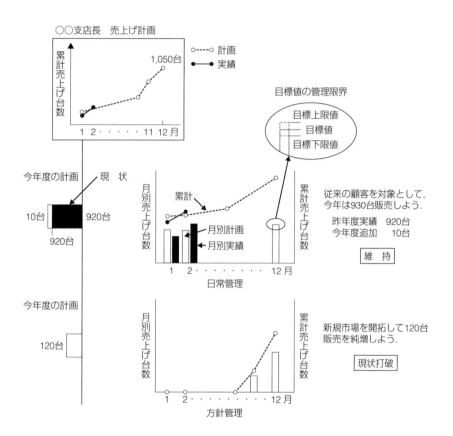

図 4.14 販売部門における方針管理と日常管理の関係の例

4.6 内部監査で知っておいて損をしない管理技術

わけではないかもしれないが，方針管理で取り上げられているプロセスを具備するのが効果的ということである．このような観点から，次に示す①〜④の考え方と図4.15から，方針管理とISO 9001との関連を考えてみるとよい．

① 組織として目的・目標，経営戦略と結びついた長（中）期経営計画を達成するために，今何をすべきかの指針・責務や重点方策（ISO 9001の"5.2.1　品質方針の確立"）を明確にし，この内容が革新的（挑戦的）でないと日常管理とあまり差が出なくなる．この長（中）期経営計画策定の方法は，かなり高度ではあるが，"ローマは1日にしてならず"で，まずは考えて実行し始めることである．

② 諸活動は，長（中）期の方向づけ（ISO 9001の"5.2.1　品質方針の確立"のもとに立案された年度ごとの計画（ISO 9001の"6.2　品質目標及びそれを達成するための計画策定"）に基づき推進することになる．しかし，なかなか成果に結びつかないのは，テーマや目標値は設定されていても，現状を分析し具体的な方策を立案するところが弱いからである．方針から方策に展開し，成果を組織として総合化するには，品質管理のQCストーリーや特性要因図，要因系統図が役に立つ．

③ この活動は，品質方針（縦のライン）だけではなく，機能別の方針（横のライン）も織り込みながら，部門別やプロジェクトチームの活動計画を

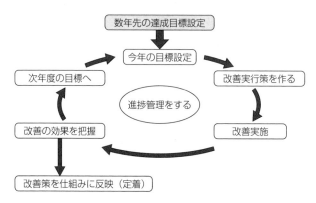

図4.15　継続的改善のステップ

策定し，推進する．
④　活動に対する評価は，日常の活動，日常の会議体だけではなく，半期又は年度のトップ診断（ISO 9001 の"9.3　マネジメントレビュー"）で評価し，フィードバックすることになる．
⑤　診断（ISO 9001 の"9.3　マネジメントレビュー"では，成果から進め方のプロセスに工夫はいらないかの視点でトップマネジメントがレビューすることになる．

4.6.3　日常管理

ISO 9001 の"9.1.3　分析及び評価"，"10.2　不適合及び是正処置"をプロセスのネットワークで考えると，組織にとっては小さな PDCA での改善活動に相当し，各人にこの意識が高まることが改善の質の向上につながることが理解できよう．

この改善活動のポイントは，日常繰り返して行う仕事の遂行の中からの問題発見の仕方である．このプロセスのネットワークを確認する場合，TQM での日常管理の考え方を知っていると改善活動をプロセスとして議論することができる．もちろん，標準どおり運用してもいつも基準外れが繰り返されるようなときは，方針管理のテーマとして活動することになる．

日常管理の構図を図4.16で考えてみるとよい．日常管理とは，SDCA（Standardize-Do-Check-Act）を回し水準を維持することである．

4.6.4　計測管理

計測管理は製品品質の基本である．したがって，精度の良い計測機器を使用すれば計測が正しいと考えるのは大変危険である．計測機器の管理がなされていれば事足りるわけではない．計測管理の意義を理解して内部監査することが重要である．計測機器管理と計測管理は，ずいぶん違う．

計測機器の校正期限が過ぎていたり，有効期限の識別がなかったりすることへの指摘はあってしかるべきだが，計測の本質を理解せずにこのような指摘を

4.6 内部監査で知っておいて損をしない管理技術

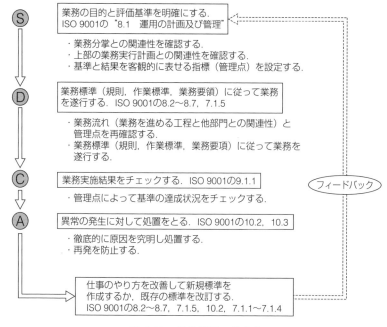

図 **4.16** 日常管理の考え方

することは，"木を見て森を見ず"ということになりかねない．

　精度の良い計測機器を使用することだけで計測器の役割が終わるわけではない．計測管理の意義を理解して内部監査を実施しないと，製品品質を無視した計測機器のための管理を推し進めていることになる．

　ISO 9001の"7.1.5　監視及び測定のための資源／7.1.5.1　一般"に"…(省略)…　組織は，結果が妥当で信頼できるものであることを確実にするために必要な資源を明確にし，提供しなければならない．"と字数は少ないが，極めて重要な示唆がある．これは，顧客の期待とニーズに応えるために，どこをどのような条件でどのように測定するかを決めて，その測定に適した計測機器を選

定するようにとの意図である．この含蓄のある規格の意図が計測管理である．

次に，計測管理について基本的に知っているとよい事項を紹介する．

(1) 計測機器管理と計測管理の違い

前述のように計測機器管理と計測管理は違う．例えば，3次元測定器を用いて計測が行われたとして，それによって製品品質が良くなるだろうか．

以前放送されたNHKスペシャルで，日本の金型技術者が中国で活躍するようになったので日本の金型技術が衰退してきているという話があった．金型は，プレス，射出成形，鋳物等に用いられている．金型は，一般的に形状がとても複雑である．その上，金型使用時の金型表面の温度も加工条件によって変わる．したがって，匠の世界になる．いくら精度の良い計測機器を使用しても，関連寸法や加工時の表面温度がうまく測れないからである．

このほかにも，測定時変形しやすいプラスチックや膨張率が大きいアルミ材が使用されているエンジンのピストン等の測定は極めて難しい．しかるべき測定の条件と実態の使用条件をなかなか一致させられないためである．

このように，計測が難しい箇所を計測機器の精度に依存するのではなく，人の経験に頼らざるを得ないことが大きいと考えられる．したがって，確実な技術の伝承がなされないと製品品質の低下につながっていく．

どの箇所をどのような条件でどのような計測機器を用いて計測すると顧客のニーズと期待が保証されるかを設定するプロセスが計測管理である．そのようなプロセスを経て選定された計測機器が狂っていないかどうかの管理が，計測機器の管理である．

(2) 計測の基本的な仕組み

前述のように目的によって計測の仕方は異なる．製造業の場合，量産前の計測は，量産時の測定システムを開発するためのものである．

ISO 9001をベースにした自動車業界の国際規格 ISO/TS 16949 等で規定されている繰返し性と再現性（R & R）の考慮も製品特性によっては必要であろう．

当然，計測機器の正確さも何らかの基準器で評価する必要がある．その際，何を計測するかも考えて基準器の形状を考慮すべきである．一般にダイヤル

4.6 内部監査で知っておいて損をしない管理技術　　　115

ゲージの基準器にはブロックゲージを用いることが多いが，計測の対象が円筒状であれば基準器もピン状のゲージを用いる必要性がないかといった技術的な検討も必要であろう．

　肝心なのは，いつも同じものは同じであることが計測できるかどうかである．

4.6.5　5 S 活 動

　組織の生き残りの根底には，各人の自律的な行動が不可欠である．自律的な行動のパラダイムにするためにも5Sに着目した議論は有効である．

　5S活動を一口でいうと，
① 問題発見の感性を高める方法
② 品質管理の必要性に気づく方法
③ 会社発展の基本的な行動

だといえる．このあたりの背景を知っていれば，内部監査はより3現主義（現場・現物・現実）になって，ISO 9001で要求されているからという議論ではなく，自然体での議論になってくる．

（1）　5Sとプロセス改善

　もともと安全活動から始まったものであるが，安全のほかに品質改善，生産性改善には，5Sが一番わかりやすい問題発見の手段である．見える化の最たる方法といえよう．この目的を理解することが，5S活動の始まりである．

　5Sとは，所定の場所にきちんと整理され，必要なものが必要なときに取り出せるようになっているようにするための活動であるが，このようなことを継続して実施することは，個人の行動の中で大変な制約になる．したがって，なかなか継続はできずに定期的に片付けることになる．5Sは当たり前と言いながらもなかなか達成感がもてず，"また5Sか"という気持ちになりやすい．しかし，継続できずに定期的に片付けることになる状況の中に，実は品質マネジメントシステムの問題点が潜んでいることが多い．

　通路にパレットが置いてある．このような場合"どのような指示で品物を運んだか，降ろした後の作業の指示，パレットの処置の指示等はどのような内容

であったのか，そのとおりに実施したのか"など，作業が指示されてからパレットを通路に置き，所定の位置に移動するまでのプロセスや，作業指示作成から指示までのプロセスの経緯を確認すると問題点が見えてくる．

通常，よくあるパターンとしては次のようなものがある．生産計画が頻繁に変更される．その計画変更に伴いすぐ次の仕事に移るため，やむなくそこに既に用意していたパレットを置かざるを得なくなっていた．もちろん本人は，後で片付けようと思っているのだがそのうちに失念し，通路にパレットが置いてある状態になる．

このように，マネジメントシステムは複雑なネットワークで，物流といえども組織の運営の一翼に関わっている．物流で現れた事象といえどもネットワークの他のプロセスの影響が出ていたものである．

ISO 9001の基本は，プロセスアプローチを推奨し，決めたとおりに実施しているか，決めたとおりに実施しても目的が達成されなければプロセスを改善しようということにある．そのきっかけ作りが内部監査と位置づけられている．したがって，5S活動も内部監査の重要な着眼点である．

社内で次のような愚痴が出るようであれば，まだ5Sがプロセスとして理解されていないと考えられる．一度社内での5Sの進め方を確認してみるとよい．

―――――――――――――――――――― ある組織での5Sに関する会話

経営者／管理者

　最近，A社では5Sに取り組んで成果を上げているようだ．我が社もやってみようじゃないか．
　5S自体は簡単そうだが，継続できるかな．
　最初はいいが，そのうちマンネリ化しなければいいけど．
　だけど，なぜ，A社はうまくいっているのだろう．
　トップダウンだと，言われたことしかやらないからな．
　とはいっても，ボトムアップを期待して待っていてもしょうがないし．
　まあ，当面は，週末の清掃タイムを続けさせよう．

監督者／作業者

また5Sか……．会社に入って何回目だろう．
入口の5Sの掲示は入社前からあったと先輩から聞いているが，内容についての説明は一度も聞いたことがない気がする．
掛け声ばかりで，6か月ももてばいいほうだろうな．
事務局自身が5Sをきちんと実行しているならまだしも，机の上にはいつも書類が乱雑に置いてあるし，事務所はきれいになったためしがない．
5Sの仕事がまた増えるのか．
やれと言われたら言われたことだけやっておこうか．
あまり頑張っても他のメンバーに迷惑かけるし，ほどほどにしておこう．

(2) 5Sに着眼した内部監査での成果

5Sをプロセス改善として捉えて内部監査を行うことで，次のような成果が考えられる．

① 5Sの目的意識が高まる．

問題を見える形にすることの必要性と"見える化"の方法の一つが5Sであることの認識が高まる．

② 仕事の中に5Sが取り込める．

仕事の中に5Sを取り入れることで，徐々に次のようなレベルアップが図られる．

  第1段階は，プロセスとしての認識
  第2段階は，職場の変化への気づき
  第3段階は，仕事のやりやすさに着眼したプロセスの問題の発見と解決
  第4段階は，品質問題に着眼したプロセスの問題の発見と解決
  第5段階は，生産性に着眼したプロセスの問題の発見と解決へと問題・課題解決が日常の仕事であることの認識へのパラダイムシフト

③ 内部監査で有効性評価が可能になる．

プロセスの監視及び測定，是正処置，予防処置，顧客満足のプロセスと

の関連でのフォローアップ体制の強化が期待できる．
④　全員参加が自然体で可能になる．
　　各人のやりにくさ，やりたいことを見える化することによってプロセスの問題・課題解決の達成感，更なる改善提案へのモチベーションアップが期待できる．
⑤　継続的改善になる．
　　リーダ等の人材育成につながる．

第5章　内部監査の活用の仕方

　第1〜4章では，内部監査の意義，従来のTQMの中での各種監査との関係，上手な内部監査のやり方［組織内で監査を計画し，客観的証拠である業務遂行上の規範（文書化した情報，品質マニュアル，規格，基準，手順書，作業各種ルール，帳票など）をもとに実作業を調査して，品質マネジメントシステムが適正に機能しているかを評価する．］，監査技術を身につけるために知っているとよいことを述べた．

　本章では，更に内部監査をどのように活用するかについて述べる．

5.1　導入から審査登録までに実施すること

　まず，従来の品質マネジメントシステム（仕事のやり方・管理の仕方）をISO 9001の意図で点検・整備（構築）する手順を考えてみる．品質マネジメントシステムの構築と見直しは，仕事の内容の"整理・整頓・清掃"である．

(1)　何のために審査登録するかを明確にする

　もともとISO 9001による審査登録制度は，実力のわからない組織に対しては，顧客は品質トラブルの発生を心配し，安心して取引ができないので，安心して取引ができるようにするために，品質マネジメントシステムを見える（透明性を確保すべく第三者が証明し，審査登録する．）ようにして，製品流通を円滑にすることから始まった．

　一般には，組立てメーカが，あまり知られていない部品材料メーカを選定する際に，活用できるようにしたものと考えるとわかりやすい．米国の組立て産業であるBIG 3は，自分自身では審査登録をしないで，自動車業界の解釈と

追加事項を入れた ISO/TS 16949 を設定し，部品・材料メーカに適用している．日本でも数多くこの審査登録を受けているが，むしろ要求事項の意図・思想をもとに自社の品質マネジメントシステムを構築し見直すために審査登録制度を活用している．また，ISO 9001 の要求事項は，装置産業，土木・建築，サービス産業などの業界にとってはわかりにくいところがある．このようなことを知った上で，審査登録の目的を明確にする必要がある．

　各社の ISO 9001 導入の動機として，一例として次のようなものがある．
①　小規模の組織だが，親組織からの仕事はなくなったとしても独自の製品があるので，ISO 9001 を認証取得して欧州に販路を拡大したい．
②　部品を製造している小規模の組織で国内市場を対象としているが，知名度を上げて売上げを伸ばしたい．
③　大規模の組織なので知名度向上というよりは，現在の品質マネジメントシステムがマンネリになったので見直したい．
④　品質管理を導入しデミング賞に挑戦していたが，なかなかうまくいかないので，目先を変えて ISO 9001 の認証を取得したい．
⑤　品質保証に関する海外合弁会社との共通言語として，まず日本の親会社が認証取得する必要性が生じた．

　ISO 9001 要求事項の意図しているところ及び審査登録制度とはどんなものかをよく理解して，審査登録することが自組織の目的・目標を達成するのに適切かどうかを考えてみることが重要である．

(2) 経営陣がコミットする

　英国，ブラジルなどの海外工場をもつ組織が，親会社より先に現地の審査登録機関から認証を取得した．親会社では，"日本より品質マネジメントシステムのレベルが低いと見ている海外の工場が取得できたのだから日本なら簡単に取れるはず"，"各事業所任せで取得可能" と考えて，特に全社活動は行わないこととした．しかし，各事業所では既に TQM で構築した立派な品質マネジメントシステムがあるのになぜ ISO 9001 の認証を取得する必要があるのかとの議論が百出して，一向に活動は盛り上がらず空振りになったことがあった．一

方，別の会社ではトップ自ら"現在発生している問題の大半は難しい固有技術に関わることよりも，基本動作が実行されていないことによる問題が大変多い．ISO 9001 導入によって，何とか基本動作を確実に実行する体質にしよう"と，キックオフで熱っぽく問いかけた．

いずれが成功率が高いかは言うまでもない．やはりトップの強いリーダシップは不可欠である．

(3) 推進計画を立てる

一般には，ガントチャートで進め方を決めることになる（図 5.1 参照）．

(4) 品質マネジメントシステムを構築する

この段階で現状の業務をフロー図にして，組織全体のつながりと，各業務フローが ISO 9001 の意図を汲んでいるかを"内部監査"で確認し，現状の品質マネジメントシステムを見直し，重厚すぎて形式的と思われるプロセスはこの際簡素化し，弱いところは強化して，自組織の固有のシステムと規格要求事項の意図に従って点検するのがよい．

ある組織では，業務フロー図等で点検したところ，意外と曖昧な申し合わせで業務を進めている箇所があることに気づき，見直しをしているところもある．そのために新しい整理の仕方も見つけ出している．

(5) 品質マニュアル，手順書を作成する

品質マネジメントシステムを効果的に運用していくための仕事のやり方を要約して，品質マニュアルにまとめ，標準化すべき手順を見直したり，新規に文書化する．どこまで文書化すべきか迷うところであるが，ISO 9001 の"7.5 文書化した情報"に要求されているように品質マネジメントの有効性のために現時点ではどこまで必要かを考える．

文書化の必要性は，下記の観点から検討するとよい．a), b) は，ばらつきを少なくするための仕事の進め方で，c) は，いわゆる記録に該当する．

a) 品質の維持・改善
　① 現状の認識
　② コミュニケーション

○○株式会社
ISO推進委員会
(実態整理と品質マニュアルの整合)　　(受審)

No.	実施内容	担当	11	12	1	2	3	4	5	6	7	8	9	10	11	12
1	導入基本計画の立案 審査登録機関の選定	本社														
2	導入の目的と経営陣コミットメント(ねらい)の原稿作成	本社														
3	推進委員会の設置と運営要領作成	本社														
4	全社キックオフ 導入のねらいを推進委員会に説明	本社			△1/26 ▲1/30											
5	各事業部キックオフ 説明会 スタッフ勉強会 監督者勉強会	事業部長 各部長 各課長				△2/5 ▲										
6	啓蒙用看板の作成 スローガンの掲示 標語募集と掲示	各事業部														
7	規格の内容を理解 (本質を知る)	社外講師				△A事業部 △B事業部										

5.1 導入から審査登録までに実施すること

No.	実施事項	担当	備考
8	規格に現状をあてはめ業務の流れを現状調査（各部長と内部監査員）	A事業部／B事業部	
9	ISO 9001と基準に内部監査的に現状調査，見直しの仕方を指導	社外講師	A事業部△　B事業部△
10	品質マニュアルの見直しと標準書作成／修正実施計画立案／ISO 9001 適合性評価	各事業部／社外講師	△
11	標準書の整備	各事業部	
12	初版品質マニュアル発行	本社／各事業部	△品質マニュアルを審査登録機関へ提出
13	内部監査実施での問題調整と指導	本社／各事業部／社外講師	（各事業所1回/月　日程別途）
14	審査登録の申請	本社	◎
15	予備審査	審査機関	◎
16	予備審査結果への対応	本社／各事業部	
17	文書審査	審査機関	◎
18	文書審査結果への対応	本社／各事業部	
19	本審査	審査機関	◎

図 5.1　ISO 9001 導入基本計画の例

③　管理の基準
　　　④　品質マネジトシステムの改善
　b)　教育・訓練
　c)　確実な再現性及びトレーサビリティ等客観的な証拠の提供，システム有効性の評価
(6)　品質マネジメントシステムを運用する
　品質マニュアル，各種手順書が完成したら，これらを基準にして業務を進める．

(7)　内部監査を実施する
　この段階では"決めたとおりにやっているか，その決め方はよいか"の点検を重点に，内部監査を実施する．仕事のやり方の改善も多少織り込みながら"決めたことはやろうじゃないか"という活動を推し進めることになる．

(8)　審査登録機関に第三者監査を実施してもらう
　第一段階登録審査，第二段階登録審査を通じて，客観的に評価してもらうことになる．

5.2　導入準備過程での内部監査のポイント

　導入推進の方向づけと経営陣のコミットメントが得られたら，推進計画を立案して導入活動に入ることになるが，まず，従業員に導入の目的を理解してもらう必要がある．この段階での留意点は，理想的な品質マネジメントシステムと品質マニュアルを作ろうと力まないことである．現在の製品が一応の品質を確保していれば，文書化しているかどうかは別にしてもその組織にとっては新たな構築を必要とするような品質マネジメントシステムを要求しているものではないので，業務の改善などあまり欲張らず，まずは現在の仕事のやり方を業務フローにまとめ，ISO 9001の意図が留意されているか確認して，品質マネジメントシステムの一部を見直し，そのまま品質マニュアルや手順書などに書き表してみることが重要である．このとき内部監査を活用すると大変効果的である．

5.2 導入準備過程での内部監査のポイント

頭の中だけで品質マニュアルを作成しようとすると，とかく現状を否定して"あるべき論"に走り，内部監査の段階で，実施部門からなぜ今の仕事のやり方でいけないのか，品質マニュアルのとおりに実施すると間接業務が大幅に増大するではないかなどと苦情が出され，品質マニュアルの内容を大幅に手直しすることになったケースが少なからずある．

5.2.1 現状把握のための活用

これまでに述べたように，ISO 9001 は顧客重視で品質マネジメントシステムに具備すべき要件（what to do）を体系的に列挙したもので，これらの要求事項の意図するところは，人が変わることによって仕事のやり方が変わり問題を起こさないように手順を標準化・文書化し，そのとおりに実行してほしいという点にある．

一方，品質マニュアルは，自組織の具体的な仕事のやり方（how to do）を記述したものである．

したがって，まず，内部監査の訓練も兼ねて，現状の仕事のやり方が ISO 9001 の要求事項にかなっているかどうかについて，各種ルール・手順書・記録類の客観的な証拠や説明をもとに"申し合わせはできているか"，"明文化されているか"，"実行されているか"をキーワードにして，業務フロー図を作成し，調査・評価する．

この段階，つまり，現在各部門・各人の仕事は何に基づいて実施しているかという確認を通じて，ISO 9001 の各要求事項の意図に対して実態はどのようになっているかに気づかせることが重要である．各人がこのような認識をもつことによって，間接業務の改善のきっかけにもなる．

"顧客の信頼が得られ，品質が良くなる方向で仕事が実施されているか"という観点から評価を行ってみるとよい．もし，実施している内容が不十分で見直す必要があるにもかかわらず，その内容を決めかねるときは"他社から製品を購入するとき，どの程度のことまで実施されていれば安心できるか，製品品質に影響するか"と観点を変えてみるとよい．

第 5 章　内部監査の活用の仕方

ISO 9001 には，品質計画書，手順書などの"文書化した情報"とすべきとした要求事項（"5.2.2　品質方針の伝達"，"6.2　品質目標及びそれを達成するための計画策定／6.2.1"，"7.1.5　監視及び測定のための資源／7.1.5.1　一般，7.1.5.2　測定のトレーサビリティ"，"7.2　力量"，"8.2.3　製品及びサービスに関する要求事項のレビュー／8.2.3.1"，"8.3　製品及びサービスの設計・開発"，"8.4　外部から提供されるプロセス，製品及びサービスの管理／8.4.1　一般"，"8.5.2　識別及びトレーサビリティ"，"8.5.3　顧客又は外部提供者の所有物"，"8.5.6　変更の管理"，"8.6　製品及びサービスのリリース"，"8.7　不適合なアウトプットの管理／8.7.2"，"9.2　内部監査"，"9.3　マネジメントレビュー"，"10.2　不適合及び是正処置"）がある．

しかし，これは書類を増やさなければならないということではない．"自組織の技術の伝承"をキーワードにして，"現状をよく知って，減少させるつもり"で取り組むことが大切で，そうすれば実効性のある文書整備が期待できる．このような観点と3現主義で，内部監査を利用して現状把握を始めると大変効果的である．

5.2.2　内部監査のやり方で現状把握

具体的な ISO の要求事項とそれに相当する組織の実施状況をあげ，内部監査での現状把握に関する事例を次に三つ示す．

● "5.2　方針"の例

ISO 9001

5.2　方針

5.2.2　品質方針の伝達

品質方針は，次に示す事項を満たさなければならない．

a)　文書化した情報として利用可能な状態にされ，維持される．
b)　組織内に伝達され，理解され，維持される．
c)　必要に応じて，密接に関連する利害関係者が入手可能である．

5.2 導入準備過程での内部監査のポイント　　　　　127

```
━━━━━━━━━━━━━━━━━━━━━━━━━━━━━━━ 実施状況 ━
  品質方針として，事業部長の年度方針がある．
  方針の内容は，組織の置かれている現状を踏まえた適切な内容である．
継続的改善に対するコミットメントは，事業部長年度方針の指針に記載さ
れている．品質目標の設定及びレビューのための取組みは，事業部長の年
度方針の解説書に記載されている．
  事業部長の年度方針を全員に配付している．しかし，本当に徹底されて
いるか不安を覚え，部内教育の項目に含め（教育要領に追加），品質方針
を要約した品質スローガンのワッペンを全員に配付し，理解の徹底を図る
ことにした．
  マネジメントレビューを通じて年度方針は毎年見直されている．
```

　上記は"5.2.2　品質方針の伝達"の要求事項への適合について，"明文化されているか"，"申し合わせはできているか"，"実行されているか"をキーワードに関連帳票類や各人の理解の状況を内部監査のやり方で調査した結果，理解のさせ方が不十分なことが判明したので新しい仕組みを考え，そのための手順書を見直した，というものである．

　このような見直しの過程を通して，従来から行っている事業部長の年度方針から展開された各種活動もより活発になったという事例である．

● "8.6　製品及びサービスのリリース"の例

```
━━━━━━━━━━━━━━━━━━━━━━━━━━━━━━━ ISO 9001 ━
  8.6　製品及びサービスのリリース
  組織は，製品及びサービスの要求事項を満たしていることを検証するた
めに，適切な段階において，計画した取決めを実施しなければならない．
```

```
━━━━━━━━━━━━━━━━━━━━━━━━━━━━━━━ 実施状況 ━
  品質計画書には，QC工程表にどの工程で検査するか，合否の判定基準，
記録のとり方や担当が記載されていて，実施もされていた．
```

実施状況の確認のため，記録用紙をチェックしたら，判定基準を外れているものがあった．そこで担当課長に確認したところ，その部位は最終製品に影響しないので，そのまま合格としていることがわかった．部位として重要な箇所ではないので，合否の判定基準を変えることにした．

上記は"8.6 製品及びサービスのリリース"の製品要求事項が満たされていることを検証するために，製品の特性を監視し，測定することについて，"明文化されているか"，"申し合わせはできているか"，"実行されているか"をキーワードに帳票類を内部監査のやり方で調査した結果，一部手順書が不足していたり，決められているとおりに実施されていない箇所があることがわかったので，手順書を新たに作ったり，最終製品への影響度を検討して，QC工程表の合否の判定基準を変えたという事例である．

●"10.2 不適合及び是正処置"の例

───── ISO 9001 ─────

10.2 不適合及び是正処置

10.2.1 苦情から生じたものも含め，不適合が発生した場合，組織は次の事項を行わなければならない．

a) （省略）

b) その不適合が再発又は他のところで発生しないようにするため，次の事項によって，その不適合の原因を除去するための処置をとる必要性を評価する．

 1) その不適合をレビューして，分析する．
 2) その不適合の原因を明確にする．
 3) 類似の不適合の有無，又はそれを発生する可能性を明確にする．

c) （省略）

d) とった全ての是正処置の有効性をレビューする．

e)，**f)** （省略）

5.2 導入準備過程での内部監査のポイント　　　129

実施状況

　図 5.2 に示すように，是正処置の手順は文書化されている．対策内容が実施されていることもわかった．ISO 9001 の"10.2　不適合及び是正処置／ 10.2.1 ／ d）"の意図（是正処置の有効性のレビュー）から評価したところ，"明文化されている"，"申し合わせはできている"，"実行されている"としても再発していたことがわかった．やはり，現状の把握の仕方，原因究明の仕方，対策立案の仕方までのプロセスを見直す必要があることがわかった．

　上記の事例のように，大半の組織では仕組みはできていても，実行という観点からは問題・課題が発見されるはずである．発見された問題・課題を自組織にとって復活させるべきことか，形式的で意味のないものかを議論することになる．

5.2.3　内部監査のやり方で効率的な文書化の検討

　品質マニュアルがまだない段階でも，仮の品質マニュアルで本格的な内部監査を実施する場合，第3章で述べたようにチェックシートを作成して実施することになるが，このとき作成したチェックシートを整理すると質問のパターンにストーリーができる．このストーリーを利用して手順書を作ると大変わかりやすく，文書量を減少させることに役に立つ．

　製造部門の例で工夫したものを，図 5.3～図 5.5 に示す．これは内部監査のときのチェックシートを参考に，社内のジョブローテーションや業務引継ぎのときの OJT に活用できることと，品種が変わっても使用できるという二つの観点から作成したものである．

第5章 内部監査の活用の仕方

ランク		重要品質問題 登録管理表（付表1）	他機種横
会社	A	●	
重品	B	●	
工場重品		●	

業　務　内　容	処　理　部　門	品　質　保　証　部
1. 不具合発生		1.重品登録通知
2. 重要品質問題　登録・管理表の作成	不具合機種担当部門	
3. 他機種横にらみ表の作成 　　(1) 不具合機種・エンジン名称 　　(2) 重品登録番号 　　(3) 不具合概略内容	不具合機種担当部門	
4. 横にらみの実施 　　(1) 担当機種での類似不具合発生可否の検討 　　(2) 担当機種での対策要否の検討・日程記入 　　(3) 担当機種部長による対策要否の決裁	横にらみの機種担当部門	各種品質会議へ
5. 進B管理表への登録	企画管理部	
6. 対策の実施と処置書（設計変更通知書）	不具合機種担当部門 横にらみ機種担当部門	
7. 重品解除		7.重品解除通知
8. 対策状況の確認	企画管理部	
9. 歯止めシートの作成	不具合機種担当部門	
10. 標準化作成テーマの登録	企画管理部	

図 **5.2**　量産段階での

5.2 導入準備過程での内部監査のポイント

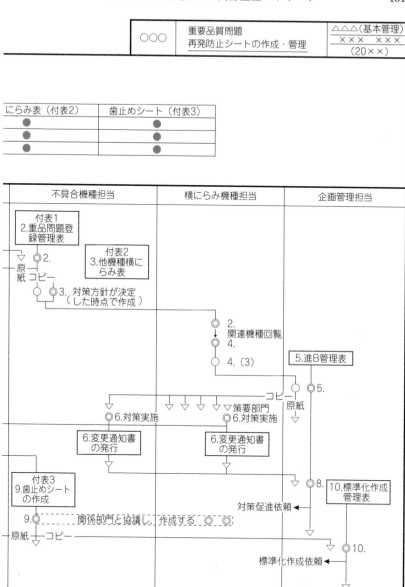

是正処置の社内規則の例

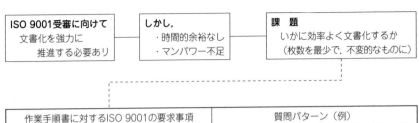

作業手順書に対するISO 9001の要求事項	質問パターン（例）
① 手順書に仕事名が文書化されていること．	あなたの仕事は何ですか． 手順書を見せてください．
② どんな指示で，仕事を開始するのか文書化されていること．	この品物は何ですか． どんな指示でこの仕事をしているのですか．
③ 仕事の対象物が正しいことを確認する手順が文書化されていること．	この品物が指示どおりの品物であることをどのように確認していますか．
④ 対象品番が文書化されていること．	この品物の作業条件書を見せてください．
⑤ 使用する設備・工程が文書化されていること．	使用する設備・工程は，どこに指示されていますか．
⑥ 設備保全の方法が文書化されていること．	適切な設備とするため，どのような管理をしていますか．
⑦ 計測器管理の方法が文書化されていること．	計測器の適正さ維持のため，どのような管理をしていますか．
⑧ 作業条件が文書化されていること．	作業条件を見せてください．
⑨ 作業条件の管理指示が文書化されていること．	作業条件は，どのような管理をしていますか．
⑩ 検査方法（項目・規格・計測器・頻度）が文書化されていること．	検査は，どのようにやっていますか．
⑪ 検査結果の記録方法が文書化されていること．	検査の記録は，どのようにやっていますか．
⑫ 製品及び工程の異常に対し，処置方法が文書化されていること．	異常を発見したとき，あなたはどうしますか．

新規に作成する作業手順書の基本的な使用
　　A：従来使っている標準書は，そのまま活用できるタイプとすること．
　　B：12項目の要求に対する実施事項が手順書1枚に集約されていること．

図 **5.3**　効果的な文書化の検討

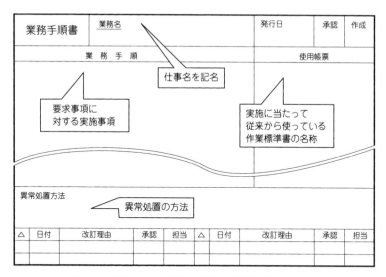

図 5.4　効果的な文書化の検討（手順書帳表の考案）

5.2.4　内部監査活用の着眼点とポイント

　前述のように"内部監査のやり方"を活用して，現状の仕事のやり方・流れを確認できた時点で，簡素化すべき点と強化すべき点を整理する．すなわち，"内部監査"は5S活動におけるパトロールのようなもので，内部監査のやり方の工夫次第でいろいろな問題・課題が見えてくる．問題が見えてきたら，TQMの考え方と手法を用いて改善していけば大変効果的である．

　大方の場合，決められたことをそのとおりに行うことなく，現場の判断で解釈を加えて実行に移さなかったり，実施するとしても応用作業が工程の随所で行われているために問題が見えず，改善もなされないケースがある．そのために応用作業に費やす工数のロス，品質のロスが見えずに潜在していることが多い．

　ただ，決められたとおりに実施しない理由があるはずで，内部監査の活用を通じて，決められていることとやっていることの間の矛盾を合理的に解消することによって，工数のロス，品質のロスを排除するのに役立つはずである．

　このように内部監査を通じて品質マネジメントシステムを見直し整理してい

第5章 内部監査の活用の仕方

業務手順書	業務名 △△△ 機械加工	発行日	承認	作成
業 務 手 順		使用帳票		

1. 生産作業手順

(1) 始業時，今月の加工小日程表に基づき，本日の生産機種（品番）と順序及び数量について，班長から指示を受ける。

(2) 素材の品番が，本日の生産機種（品番）と合致しているか，抽出し品番，若しくは現品荷札で確認する。

(3) 本日の生産機種（品番）の作業標準書である"自己チェックシート"（汎用機工程においてはプラス"作業標準"）を用意する。　　　　＊自己チェックシート（作業標準）

(4) 給油指示に基づき，対象設備の給油点検を行う。　　＊給油指示書

(5) 計測器日常点検要領に基づき，計測器の日常点検を行う。　　＊計測器日常点検要領

(6) "自己チェックシート"（又は作業標準）に指示された条件に，設備をセットする。　　＊自己チェックシート（作業標準）

(7) 作業条件の管理として，"工具交換基準"又は"作業指導書"の指示に従い，工具交換を行う。　　＊工具交換基準（作業指導書）

(8) 自己チェックシートに従い，自主検査項目をチェックする（同一形状加工において，チェック数が指示されていない場合は任意の代表1個とし，加工順序がある場合は最後の加工部を測定する）。　　＊自己チェックシート

(9) 対象工程において，自主検査記録シートに測定データを記入し，合格品だけ次工程に流す。　　＊自主検査記録シート
　☆検査記録については，測定者の欄に必ずサインをすること。

2. 段取り替え手順

加工機種切替えにおいて，段取り替えが必要な工程においては段取り作業指導書により，段取り替えを行う。　　＊段取り作業指導書

そして，"自己チェックシート"に従い，段取り初物検査を実施する。　　＊自己チェックシート

異常処置方法

(1) 異常とは以下のことをいう。
・製品の異常（前工程の加工漏れ，異品，素材欠陥，損傷，寸法規格外れ）。
・設備，装置が通常どおり作動しない。
・治具，工具，検具の異常。
・加工状況が通常と異なる（時間，音，臭い，振動）。

(2) 上記の異常を発見したときは，作業を中断し速やかに班長へ連絡する。

(3) 班長又はセンタ長の指示に従い処置をする。

(4) 異常内容と処置内容を作業日報又は連絡帳に記入する。

△	日付	改訂理由	承認	担当	△	日付	改訂理由	承認	担当

業務手順書の特徴
① 作業手順の明確な指示書としては有効
② 質問に対する指示文書を導き出しやすい
③ 一般的な記載内容なので，汎用性大

図 5.5　業務手順書の例

く際，次のようなことを考慮して実施するのがよい．
① 仕事のやり方の改善などを一気にやろうと欲張らず，まず現状を3現主義で整理する．
② 長時間続けても息苦しくない品質マネジメントシステムかどうかを常に考える．
③ 無理せずに自分たちで必要と感じた活動を積み重ねることを基本にする．

すなわち，内部監査では，自然体で品質マネジメントシステムに関する議論をするのがよい．

一方，これまでに品質管理などを導入して体系的な品質マネジメントシステムを構築したことがない組織の場合には，"内部監査"で発見した問題・課題の要因を分析し，対応を検討していくと業務の流れも整理できる．このように"内部監査"を通じて（同時進行で），仕事のやり方をTQMの考え方と手法を用いて改善していくという気になることが重要である．

いずれにしても，効率的かつ透明性・客観性のある品質マネジメントシステム構築の要は，"内部監査"を上手に活用することである．

第6章 プロセス改善につながる是正処置

第6章では第1～5章の内容を踏まえて，内部監査の具体例に基づいて，"指摘内容の是正の仕方とその徹底をどのようにしたらよいか"について述べる．

6.1 内部監査での指摘事項

内部監査とは，前述のように ISO 9001 の意図が組み込まれた組織の品質マネジメントシステムが標準化，文書化され，そのとおりに運用され，その結果，品質が良くなる方向に機能しているかどうかを客観的証拠（"文書化した情報"の規格，規定，基準，手順書，作業標準，検査標準，指示書，チェックシートなどの資料と，実作業など）で確認することである．その確認作業を通して，被監査側が品質マネジメントシステムの問題に気づくことである．

このように，内部監査は問題・課題を発見する場であるが，その内容を被監査側に納得してもらうことが重要なので，交渉の場でもある．したがって，内部監査で規格の意図や決め事と違いがあれば不適合とすると，被監査側は内部監査をあら捜しの場と捉え，最初から前向きな議論に乗ってこない可能性がある．

納得性を高めるためには，指摘の内容を不適合事項，観察事項，改善課題として定義も明確にして整理するとよい．不適合事項，観察事項，改善課題はいずれも客観的証拠をもとにした判断である．監査員のこれまでの経験をもとにした主観的証拠だと，なぜ問題かが理解できず被監査側に受け入れられない場合が多い．ものの見方はいろいろある．主観的証拠はそのうちの一つなので賛同できることもあるが賛同できないこともある．ISO 9001 や自組織内の規

定・規則の申し合わせは，ものの見方の基準である．

　監査基準を決め，それに基づく判断となれば被監査側も納得できる．指摘の内容（不適合事項，観察事項，改善課題）のうち，是正処置の対象となる指摘は，不適合事項（可及的速やかに）と観察事項（可能な限り早い時期に追加調査して是正の要否を判断し対応）である．

　改善課題は被監査側の判断で対応の要否を決めればよい．

6.1.1　内部監査での不適合事項の例

不適合事項として，次の（a）～（c）に分類して考えるとよい．

（a）品質マネジメントシステムが規格の意図を組んでいない事例（"意図"に不適合）

――――――――――――――――――――――――――――― 事例1
　組立て課の事務所で組立てラインAの作業者の教育，訓練，技能，経験に関する記録を提出してもらった．現場に行って組立て作業者と教育，訓練，技能，経験に関する記録を照合したら，記録に記載されていない人が作業していた．
―――――――――――――――――――――――――――――

　ISO 9001の"7.2　力量／d)"では，力量の証拠として，適切な文書化した情報を求めており，事例1ではこの意図と異なっているため不適合に該当する．このような場合，記録されていないということで指摘しているが，力量を明確にするプロセスについての追加情報が得られれば，力量を明確にするプロセスが十分かどうかの議論も可能になってくる．

（b）品質マネジメントシステム運営に継続性がない事例（"実施状況"で不適合）

――――――――――――――――――――――――――――― 事例2
　先月度の"特採申請書"を提示してもらった．詳細な品質確認を実施し，問題ないことを確認した上で採用すると条件がつけられていたが，特別採用の処置完了の欄は空欄であった．品質確認は未実施のままで採用されていた．
―――――――――――――――――――――――――――――

6.1 内部監査での指摘事項

ISO 9001 の"8.7　不適合なアウトプットの管理／8.7.2"では，"不適合や特別採用に関する文書化した情報を保持しなければならない"(要約)とあり，この意図と異なっているため不適合に該当する．

この場合も，記録の有無もさることながら，特別採用品の是正処置の情報が得られれば，記録の必要性や再発させないための議論まで発展できる．

事例 3

ISO 9001 の"8.4　外部から提供されるプロセス，製品及びサービスの管理／8.4.1　一般"の要求事項に対して，社内規定では"評価項目"，"評価点"，"評価点に応じた改善計画の提示フォローの仕方"を標準化・文書化し，更に"ベンダーリストとして一覧できるようにする"ことになっていた．しかし，内部監査でベンダーリストの内容と規定の内容とを比較してみたところ，評価項目が異なっていた．また，サンプリングしたベンダー A は半年前に評価して 70 点であった．しかし，規定では 70 点の場合は改善計画書を提出させフォローすることになっているのに，いまだ改善計画書は入手しておらず，改善のフォローはされていなかった．

このケースでは，供給者の評価の仕方の規定（申し合わせ）は ISO 9001 の"8.4　外部から提供されるプロセス，製品及びサービスの管理／8.4.1　一般"の意図を汲んでいるが，"評価項目"や評価点に対応して改善計画の入手とフォローの仕方が規定と実際の運用との間で異なっている．ISO 9001 の"8.4　外部から提供されるプロセス，製品及びサービスの管理／8.4.1　一般"では，"選定，評価及び再評価の基準を定めなければならない．評価の結果の記録，及び評価によって必要とされた処置があればその文書化した情報（記録）を維持しなければならない"(要約)とある．異なった評価項目で評価しているのは，評価していないのと同じことになり，改善計画書がないということは，処置の記録が維持されていないことになる．このことから ISO 9001 の"8.4　外部から提供されるプロセス，製品及びサービスの管理／8.4.1　一般"の意図と異なっていて不適合に該当する．

しかし，評価の仕方が規定と異なっていても，購買製品が要求事項を確実に適合しているのであれば規定の見直しの議論にもなる．

(c)　品質マネジメントシステム運営が有効でない事項（"有効性"で不適合）

規格の意図や仕事の目的から考えて役に立っていない，すなわち，品質に影響を与えているか，顧客に心配を与えないか，ムダ・ムリ・ムラにつながっていないかの観点で，客観的証拠があれば不適合とするケースである．ISO 9001の"10　改善"の意図で議論するとよい．

―――――――――――――――――――――――――――― 事例4 ――

　ISO 9001の"8.4　外部から提供されるプロセス，製品及びサービスの管理／8.4.1　一般"の要求事項に関して，社内規定では評価の対象が全ての取引先となっていた．その中には梱包用の釘を調達している町の金物屋や，反対に自社よりはるかに規模の大きい超一流の大企業が含まれていて，全て同じ評価項目で評価していた．

購買担当者も上記の同一評価項目はいかにも形式的ではないかと日ごろから考えていたという．自社にとって役に立っているか，もし，顧客の立場になったとしてもこのようなケースまで評価していないと不安になるかなどの観点で見直すべきである．また，最終製品への影響度合いと評価対象企業の市場での実績から，評価基準を変えたほうがよいと思う場合，見直しの対象にする．

このような場合，ISO 9001の"9.1.3　分析及び評価"の意図（供給者が提供する購買製品は購買要求事項（品質・価格・納期等）のパフォーマンスを満たしているか）(要約)で不適合品率，納期達成率等から評価し，どのようなことを管理すればよいかを不適合品率，納期達成率等から読み取る．さらに，ISO 9001の"10.3　継続的改善"の意図，"供給者の評価の仕方は本来の目的達成に適切か"(要約)のつながりで議論し，見直すことになる．

6.1.2 内部監査での観察事項の例

　観察事項は，原因が現象として現れたプロセスだけに焦点を合わせた不適合指摘だとマネジメントシステムの奥に潜んでいる問題まで踏み込めないときに，被監査側に更に踏み込んで調査してプロセス改善につなげてほしい場合と考えるとよい．

事例 5

　"組織規定"では，業務課は事業部長直轄部門に変更となっていた．品質マニュアルでは，管理部所属と記載されていて，"組織規定"と品質マニュアルの記述内容が異なっていた．なお，導入準備の段階から，品質マニュアル（ISO 事務局）と規定類（業務の各主管部門）の作成を分担していた．

　決めたとおりに実施されていないのだから，不適合指摘としてもよいが，この状態で不適合事項とするとプロセス指向での是正に至らないことが多い．この事例の場合，被監査側に更に踏み込んで実態を確認し，プロセス改善のきっかけにしてもらうために，組織変更の目的が達成できるように実際の運用が品質マニュアルか規定類のどちらかに準じてなされていれば，被監査側で追加調査し品質マニュアルや規定類の改廃プロセスの改善を議論してもらえばよい．

　このような場合，内部監査で品質マニュアル又は規定類の改廃プロセスまで確認できれば，ISO 9001 の"7.5　文書化した情報"，"5.3　組織の役割，責任及び権限"の観点から，不適合事項としての指摘になるだろう．

事例 6

　測定器 A の校正方法の規定の一部が，測定及び校正を実施する現場に置かれていたが，その規定の名称，管理番号や改訂日の記述がされていなかった．配付された規定の最新版から抜粋したものであり，管理文書と同一内容であることは確認できた．管理文書が改訂された場合に，現場に置かれた文書を確実に差し替える手順と文書管理の意図についても確認したが，明確な回答は得られなかった．

管理文書が改訂された場合に，現場に置かれた文書を確実に差し替える手順と文書管理の仕方が決まっていないと旧文書が用いられる懸念がある．ISO 9001 の"7.5.3 文書化した情報の管理／7.5.3.2／c)"との関連から，現場に置かれた文書を確実に差し替え，活用するまでのプロセスについて議論してもらうとよい．内部監査の有効活用という点からは，ISO 9001 の"7.2 力量"のプロセスとのつながりから関係者が測定器の使用方法を身につけているかまで議論が広がるとよい．

6.1.3　内部監査での改善課題の例

改善課題は，決めたとおり実施して，それなりに目的を達成していたとしても，もっとこのようにしたほうが顧客も安心でき，品質も良くなるのではないか，組織としてメリットがあるのではないかなどの観点から課題提起する事項をいう．

今のレベルでも規格の意図や仕事の目的は達成しているが，更なるレベルアップをねらった内容と考えるとよい．内部監査を重ねるうちに，段々とこのような提案ができるようになることが望ましい．

事例 7

熱処理炉の定期点検について確認した．決めたとおりによく実施されていることは炉の関連機器や帳票をチェックして納得できた．しかし，いろいろな帳票を見ながら説明を受けないと，定期点検の実施状況は確認できなかった．

"このような状況では仕事の流れが複雑になっていて実態が見えにくく，ムダがあったり，抜けが出ても気がつかないのではないか"との観点から，ISO 9001 の"9.1.3 分析及び評価"として設備の故障がないのであれば定期点検の所要時間に着眼し，あるべき所要時間目標との対比から ISO 9001 の"10.3 継続的改善"の意図で更なるプロセス改善について議論できる．

6.1 内部監査での指摘事項　　　143

───── 事例8 ─────
　シャフトの外径計測に実際に使用されているダイヤルゲージのナンバーをサンプリングし，機械課（保管担当で校正担当部門ではない．校正担当部門のリストには該当機器は登録されている．）のリストで校正の記録を確認したが，このナンバーは見つからなかった．

　事例5（観察事項）のように，決めたとおりに実施されていないのだから，不適合指摘としてもよいが，この状態で不適合事項とするとプロセス指向での是正に至らないことが多い．この事例の場合，被監査側に更に突っ込んで実態を確認し，プロセス改善のきっかけにしてもらうために，被監査側で追加調査して機械課での"ダイヤルゲージリスト"と校正担当部門の"ダイヤルゲージリスト"の改廃プロセスの改善を議論してもらえばよい．機械課での"ダイヤルゲージリスト"の必要性から議論されるとなおよい．

　このような場合，内部監査で品質マニュアル又は規定類の改廃プロセスまで確認できれば，ISO 9001の"7.5　文書化した情報"，"5.3　組織の役割，責任及び権限"の観点から不適合事項としての指摘になるだろう．

　なお，このようにせっかくリストで管理するならば抜けのないように管理したほうがよい．このようなケースでは，リスト作成の目的と活用の仕方を議論することも考えられる．議論の結果，"自部門にはリストがなくても済むならばやめることを検討したほうがよい"という提案が出ればそれは改善課題に当たる．

───── 事例9 ─────
　製造課の"品質目標"には，ラインの段取り時間短縮が取り上げられていた．課内の品質会議で配付された資料には，2～7月の段取り時間についての推移グラフが記述されていた．2～3月と4～7月には差があった．しかし，その理由については議論されていなかった．

　"品質目標"に対する推移グラフから"何でこうなるのだろう"と考えてみると，プロセス改善の切り口が見えてくる．ISO 9001の"9.1.3　分析及び評

価"では，"組織は，監視及び測定からの適切なデータ及び情報を分析し，評価しなければならない．"とあるので，この観点から"何でこうなるのだろう"と考えてみるときには，"大きさ"，"分類"，"時間の流れに沿っての変化"，"ばらつき"，"業務の流れ"，"ツリー（野球のトーナメント図のように関連を見える形にする．）"，"結果と原因の関係"等で考えてみるのがよい．このような提案は，改善課題と考えてよい．

6.2 内部監査での是正処置

是正処置の掘り下げ方はTQMそのものの領域である．TQMの考え方に沿った手順で問題点を洗い出し，必ずしもこれら全てへの対応を決めて実施しなければならないということではないが，品質が良くなって顧客に安心を与えられるかどうか，自組織にとってメリットがあるかどうかという観点から，是正処置の内容を決めて実行に移すとよい．

6.2.1 是正処置の基本

監査の中でも留意すべきことであるが，是正処置を実施するとき，次のことを基本動作と認識できるとプロセス改善につながる是正処置の姿が見えてくる．

(1) 問題点の捉え方

不適合事項，観察事項に対するマネジメントシステムの本質を問題と捉えることになる．次のような観点で考慮すると"忘れた"とか，"つい，うっかりだった"とかでは片付けられないマネジメントシステムの奥にある問題点が浮かんでくる．

- 問題の現象はどのプロセスに存在しているか．
- 問題は顕在しているか，隠れているか．
- 問題はレアケースなのか，常時発生しているのか．
- 問題発生の規模はどの程度か．

(2) 問題点の位置づけ

被監査側は，往々にして指摘されるとそれは自部門の責任でないと言いたくなるものである．その割には，前工程や後工程での実態をよく知らない場合が多い．これはまず，内部監査とは"全社のプロセスネットワークの一部を確認することによって，組織の目的・目標達成のためにシステムが粛々と運用されていて，引き続き今のやり方を維持すべきなのか，事業環境も変化したのでやり方の改善が必要なのかを議論する場であること"を理解してもらうことである．しかし，監査員は，次のどの位置づけの問題から生じた指摘なのかを想定することが重要である．

- 被監査部門のプロセスの悪さか．
- 他部門のプロセスの悪さか．
- 関連プロセスのつながり・連携の悪さか．

(3) 是正処置の基本ステップ

問題解決の当事者には，かなりの根気と努力が必要である．しかし，次の手順を，是正処置の基本として知った上で，問題の内容（大きさや技術的な難易度）によっては一部省略してもよい．実行しなければ論外であるが，原因究明の質がプロセスの改善の確実さを決める（図6.1参照）．手順を知らずに是正処置をとることは，キャッチボールの基本を知らずに野球をするのと似ている．

① 不適合事項，観察事項の事象を明確にする．
② 不適合事項，観察事項の事象は，もともとどのように実施する申し合わせ（プロセスと手順）だったか．そしてその申し合わせは，どのような理由で目的を達成できると考えていたかを明確にする．
③ 上記②のやり方のどこが欠落あるいは十分でなかったのかを整理する．
④ 欠落していたり，十分でなかった手順がなぜ生じたかについて，"なぜ"を5回繰り返し究明する．
⑤ 原因を取り除く改善方策を決める．
⑥ 実施して再発防止できたか（成果）を確認する．

往々にして②〜④を飛ばすことが多い．ここがある意味で根気がいる作業か

もしれない．このプロセスを省くと再発することが多く，頑張っている割にはなかなか問題が減らないことになり，トップからは何をしているのかと責められて自信喪失にもつながる．

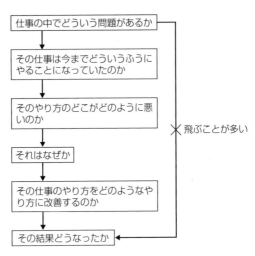

図 6.1　是正処置の基本ステップ

(4)　是正処置で留意する点

どのような場合も申し合わせが事前にあるとは限らない．あるいは，申し合わせても徹底の仕方が悪く，"つい，うっかりなのでこれから注意します"というような対応では再発する．さらに，申し合わせをプロセスのつながりを考慮せずに取り決めてきた内容だと複雑で守りにくい場合が多い．このような場合には，以下の方法で割り切って対応するのがよい．

- プロセスの中で申し合わせがなかったために発生した場合は，新規に申し合わせて決める．現在各人が実施している内容を確認し，一長一短を話し合い，現状で一番良さそうなやり方を標準化する．
- 申し合わせても徹底の仕方に関わる場合は，示達の仕方を工夫する．すなわち，教え方，訓練の仕方について議論するとよい．これまでの示達はこ

のように実施したが，この点が不十分だったので今後はこのように示達するという PDCA 思考になる．
- 申し合わせが複雑で守りにくい場合は，仕事の目的を再確認してこれまでの手順を統合化する．

(5) 是正処置で避けなければならないこと

是正処置の場合，注意しないと実施しているのに成果に結びつかず達成感も出てこないことになる．典型的なこととして，次のようなことがあげられる．是正処置の常識として知っておくとよい．
- 事象，処置，原因の区分ができていない．
- 原因を人のせいにする．プロセスの悪さに結びつけられない．
- 主原因プロセスと関連プロセスのネットワークとしてのつながりを評価していない．
- 対策案（原因除去の方策）が評価や検証されていない．
- 対策の効果の確認方法が明確でない．
- 過去の是正処置の分析を行わず，是正処置の方法に学習効果が見られない．

6.2.2 是正処置の具体的な手順

是正処置の具体的な手順を次に示す．

手順1 申し合わせてある手順を時系列に記述する．（プロセスマップ）
手順2 指摘された事象が生じた事実の仕事の流れを時系列に記述する．（プロセスマップ）
手順3 手順1と手順2の差異分析を行う．
手順4 差の原因を"なぜなぜ問答"で究明する．
手順5 原因を除去するための対策案を立案する．
手順6 対策案の評価を行う．
手順7 対策を実行する．
手順8 対策の効果を確認する．
手順9 上記活動の進め方が適切かを議論し，次なる問題解決にフィード

バックする．

上記手順で整理した例を図 6.2 に示す．

標準の作業手順	実施した手順	差異分析	真の原因及び関連プロセス	対策案	対策案評価
部品挿入 ↓ 次部品挿入工程	部品挿入 ↓ 落 下 ↓ 確 認 ↓ 再挿入 ↓ 次部品挿入工程	落下した部品の取扱い方法が不明確	落下した部品の確認方法が決められていない．部品の取扱いプロセス 検査プロセス	落下した部品については，不適合製品とする 手順を文書化する作業者への教育の実施	採 用 採 用

図 6.2　是正処置の例

6.2.3　是正処置の評価

申し合わせの意図や手順と異なる事象での仕事のやり方で，どのくらいの期間生産したか，既生産品への影響の有無と影響ある場合の対応の必要性はあるか，抜本的な是正処置がとられるまで暫定処置の必要性はあるか，水平展開の必要性はあるかなども議論するとよい．

例えば，溶接工程が"作業標準書"どおり実施されていないことが指摘された場合，

- 在庫品や苦情の状況から既生産品への影響を調べて対応を決める．（既生産品への影響）
- 抜本的な是正処置が決まるまでは，上記の情報等から出荷停止，全数検査等の実施を決める．（暫定処置）
- 他部門でも作業標準を順守しているか点検したり，"作業標準書"の示達の仕方が原因であるならば，他部門のそれも見直す．（水平展開）

必ずしも全てを検討するということにはならないが，また，問題の内容（大きさや技術的な難易度）を考慮し，被監査側へ要求をするかどうかは別にして，

監査員は評価の際，必ずチェック項目として上記の観点で考察することが必要である．

6.2.4 是正処置効果の確認方法

前項の観点から是正処置がなされたら，プロセスの改善の効果に注目することが重要である．そのとき，次の観点で点検・評価するのがよい．
- 変更したプロセスは変更したとおり運用されているか．
- 関連するプロセスに副作用的な問題が生じていないか．
- 再発していないか．
- 該当する仕事の目的は達成されたといえるか．

6.3 品質マネジメントシステムがより確実になったかの評価の仕方

(1) 品質マネジメントシステムとプロセスの関連の理解

品質マネジメントシステムは，個々のプロセスがネットワーク状につながったもので，顧客に軸足を置いて組織の目的・目標を達成するための体制である．したがって，内部監査とは，個々のプロセスがつながり，連携ができ粛々と運用して，目的・目標を達成するのに適切かを確認して品質マネジメントシステムの弱みを改善していくことである．このような考え方を知っていないと内部監査もギクシャクして成果にも結びつかない．

例えば，個々のプロセスがつながり，連携ができ粛々と運用していても，顧客の苦情が減少していなければ，プロセスのどこかを改善しないと，顧客からの信頼や組織としての強さは確立できない．

(2) 品質マネジメントシステムがより確実になったかの評価

監査方針になるが，"業務目的達成の基準"のデータ等の分析から被監査部門の関連機能の強み・弱みを評価して，弱みの関連機能に関する要求事項を重点に確認すると，検出内容対応と弱みの強化（成果）の関連（つながり）が実

感できる.

したがって，社内でうまくいっていない結果に関連するプロセスに焦点を合わせ重点的に実態を確認し，検出した問題・課題を改善することで監査の"見える化"が可能になる．そのためにも，"業務目的達成の基準"について理解を深める必要がある．

業務を推進するのには目的がある．そのために何らかの基準があり，それを規格では"プロセスの監視及び測定"と位置づけている．

例えば，設計開発の場合には期日までに設計開発を完了させて，市場導入後は顧客の苦情がないことが大変重要である．製造現場では，不具合のない製品を計画どおり生産することである．

このように考えれば，それぞれの部門の目的からの基準を設けられる（図6.3参照）．

通常，日程進捗状況（日程遅れ），不適合製品の発生状況（推移），チョコ停の発生推移，平均修理時間（各修理時間の総和÷修理件数）推移，内部監査や顧客満足の情報等が活動の結果としての評価指標である．したがって，各プロセス（関連プロセスを含む．）との運用結果としてどのような指標があるかも考えて監査すると，監査での指摘と結果の関連が見えてくる．そうすれば組織の業績にもつながるかどうかの評価も可能になる．

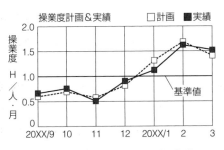

図 6.3 製造業務達成の基準（例）

6.4　是正処置の事例

本節では，内部品質監査を実施した結果，不適合事項が発見され，監査報告書によって是正処置を申し入れ，プロセスマップで整理して是正処置手順に基づき検討した事例を二つ示す．

●事例1

　　　　　　　　　　　　　　　　　　　　　　　　　　　不具合内容
> 製造部の不適合品置き場で計測器の管理状態を監査した．使用中のダイヤルゲージ10個中4個が有効期限を過ぎていた．このほかにも，保管中の10個中5個の有効期限が切れていた．

〈是正処置の検討〉

過　　去：有効期限が切れたダイヤルゲージで計測した製品をサンプリングして再計測し，過去の計測の記録から製品品質に問題ないかを確認する．

当　　面：保管中の有効期限内のものに取り替えて計測する．

恒　　久：有効期限を3～4か月過ぎた場合，問題があるのかどうかをこれまでのデータで確認する．この場合，平均値の差やばらつきの検定・推定で評価するのは有効である．有効期限を越えてしまったものは，校正の計画を作っていなかったからか，急に忙しくなったからか，新人の研修計画が校正の計画とリンクしていなかったからかなど，経緯をまとめ，なぜ有効期限を越えてしまったのか，仕事のやり方の問題という観点で原因を調査して，その原因を取り除く抜本的な対応を決める．

水平展開：製造部の他の部門での校正の状態を，計画を立てて点検する．さらに，無計画であったことが原因ならば，定常的に実施すべき作業（設備保全，設備の老朽化対応など）の計画は策定されているかなども確認する．

● 事例 2

――― 不具合内容 ―――
溶接作業の状況が監査された．その結果，作業者は作業標準どおりに作業をしていないことがわかった．作業者は電流値を低く，ガス流量は標準より増加させていた．

職長は溶接棒の熱色からすると，今行っているのが一番良い方法だと説明した．しかし，作業標準書は変更されていなかったし，変更通知の文書の発行もなかった．実際その方法が良いという技術資料や記録もなかった．

〈是正処置の検討〉

過　　去：これまでの在庫品の破断調査や市場でのクレームがないかなどを調査する．

当　　面：現在製作が完了した製品を破断解析して，現在使用中の作業標準書のやり方で問題ないか至急調査する．調査が完了するまで一時出荷停止もあり得る．

恒　　久：作業標準書はスタッフが他の工場の同類の製品のものを参考に作成したが，特に職長に内容を解説しなかったため，現場サイドは先輩から OJT で伝承してきた方法で作業を続けていたのではないかなど経緯を調査して，なぜ標準を守らず実施したのかについて原因を調査して，抜本的な対応を決め処置する．

水平展開：製造部の他の部門でも，作業標準書どおりに実施しているかどうか点検をする．標準書の作成の仕方と示達の仕方が原因ならば，同様に処置する．

6.5　是正処置の日常業務への定着

日本には，従来から図 4.16（113 ページ）に示したような"日常管理の考え方"がある．

ISO 9001 の要求事項に基づく品質マネジメントシステムの構築と改善（是

正処置）のきっかけを作る内部監査，更に定着のためにこの"日常管理の考え方"が大変有効である．

日本的"日常管理"の手順を示す（図 6.4 参照）．

日本的日常管理の"業務分掌"の中で，品質に関わる内容が ISO 9001 の"5.3 組織の役割，責任及び権限"の要求事項に対応したものである．一方，"方針管理の結果を反映"の内容は，ISO 9001 の"9.3 マネジメントレビュー"の

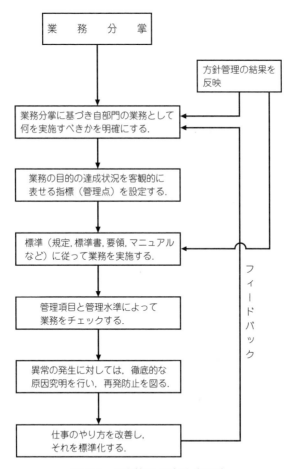

図 6.4 日常管理の手順（概要）

要求事項に対応した活動の一部である．さらに"業務分掌に基づき自部門の業務として何を実施すべきかを明確にする"ことは，ISO 9001 各要求事項の手順書を作成することにあたる．

このように考えると，ISO 9001 の要求事項に対する実施事項について業務フローを作成し，業務がうまくいっているかどうかを見るための管理点・点検点を設定し，内部監査でその具体的な問題点の発見・是正と第三者による維持監査を継続していくことによって，是正処置の日常業務への定着化が可能である．つまり，内部監査結果のマネジメントレビューへのフィードバックと日常管理のシステムを組み合わせて，是正処置の確実性（掘下げの深さ）と定着が可能となる．

しかし，何といっても是正処置内容のレベルは，TQM の考え方と手法の活用の程度によるところが大きい．

ISO 9001 の"9.3 マネジメントレビュー／9.3.1 一般"には，"トップマネジメントは，組織の品質マネジメントシステムが，引き続き，適切，妥当かつ有効で更に組織の戦略的な方向性と一致していることを確実にするために，あらかじめ定められた間隔で，品質マネジメントシステムをレビューしなければならない．"とある．その中で内部監査結果と是正処置内容は，不可欠な情報となっている．

したがって，個々の内部監査の結果（指摘事項）から，品質マネジメントシステム全体を視野に入れて，品質マネジメントシステムの弱点・改善点は何か，品質マネジメントシステムの効果的な運営になっているかどうかなどを分析して，マネジメントレビューの情報とすべきである．

そして，トップマネジメントの強じんなリーダシップで是正処置を定着していけば，組織の力として確実に蓄えられていく．

第7章 これからの内部監査

品質管理では，当初はジュラン博士，デミング博士などによって提唱されたPDCAの考え方に対して，日本独自にTQMの考え方，QCサークルやQC七つ道具などの手法を作りあげてきた．同じようにISO 9001についても，TQMの考え方と手法を融合させて国際的に通じる日本的ISO 9001の活用方法を研究していくとよい．

そこで第7章では，TQMとの融合も考えたこれからの内部監査について考えてみる．

7.1 TQMとは

7.1.1 TQMの長所

(a) **TQMによる活動で，紛れもなく組織経営の品質マネジメントシステムは強化され，管理体制がしっかりしたものになる．**

TQCからTQMに移行したと一般に言われている．しかし，TQMでの取組みである"市場の情報を整理して，製品コンセプトのまとめ，販売価格の設定や製造原価の見積り，利益の算出などを行い，商品企画を実施すること"などは，既にTQCと呼称されていた20年ほど前から行っていた．TQCはかなり前からTQMそのものではないかと考えている．

筆者が在籍した組織の経験からであるが，開発を効果的に進めるために，開発対象の大きさによって，試作機の調達の仕方をパターン化したサブシステムを作った．パターン化の大半のケースは大変効果的であったが，変更の極めて少ない開発のパターンでは，時間的に工程能力を確保するための量産準備が十

分にできないケースもあった．すなわち，サブシステム同士の整合は必ずしもとれていない，見かけ上つながっているようなシステムもあった．しかし，品質を保証するためのマネジメントシステムを，TQM 活動で整備してきたことに間違いない．

(b) **TQM による社員のベクトルを合わせ，目標を一つにした全社活動が強みになる．**

筆者が在籍した組織では，かつて QC アレルギー除去のため，自由闊達に自分の意思で活動していた時期もあったが，うまく機能しなかった．しかし，また TQM の旗を掲げた途端，社内が活気づいてきたということは，やはり長年の TQM 活動が染みついていたからかもしれない．

(c) **物事を合理的に考えて，整理する技術が定着する．（QC センスの醸成）**

事務系の人でも，開発関連の会議で当初の製品コンセプトと比べて何が違ったから品質目標が未達なのか質問を投げかけたり，品質管理を導入していない組織に転出した人でも，前職で培った仕事の進め方や視点を活かし，極めて論理的な思考で仕事をする人と評価されることが多い．

(d) **QC 手法の活用によって，問題解決が進む．**

顧客の満足が得られなくては，購入してもらえない．したがって，現在のモデルの品質が良くならない限り，モデルチェンジなどあり得ないという考え方で必死に問題に挑戦すれば，必ず問題が解決されて，むしろ以前に増して顧客の信頼を得られることを TQM で学べる．

専門技術があれば目的地まで行くことは可能であるが，早く到着したいならば TQM を学んだらよいという話をよく聞く．

7.1.2　TQM の問題点

TQM への過剰依存の問題をまとめてみると，次のようなことがあげられる．こういった誤解や過剰反応によって QC アレルギーになるケースが見受けられる．

① 品質管理の枠に入らないものを排除する．品質管理で何でも解決すると

思い込む.
② 発想の固定化によって，自由な発想に結びつかない.
③ "内部管理の強化"で，外部の動きに遅れる．品質管理を実施しないと仕事をしていないとのものさしをもち，社内のことが気になりすぎる.
④ 戦略を策定する場合にはなじまない．良い案が出てこない場合，戦略はデータでは決まらないと思い始める.
⑤ 判断基準がデータ偏重で，数値偏重になる．官能的なことはダメだと思い込む.

7.1.3 TQMの誤った運用

次のような誤用によって，TQMによる活動が"手段"から"目的"に変わってしまい，批判が大きくなり，また効果も見えなくなってくる.
① データ偏重による資料作成業務の増大.
② "なぜなぜ"の追求から，言い訳のための資料の増大.
③ データによる資料の完全証明と，PDCAが回り結果を出すことの暗黙の強制.
④ 解析や資料作成による日常業務の停滞.
⑤ 管理・プロセス重視で，業績の評価が不十分.

しかし，身の周りの"問題発見"，"問題解決"，"活動の定着・維持"の観点から"内部監査"を運用すると，品質管理の原点に戻った活動も可能となる.

7.1.4 QCアレルギーをなくすための方法

(1) 他の考え方，手法の積極的取入れ

いつも同じアプローチではマンネリに陥るため，良い方法だと思う場合はどんどん取り入れる環境を作る必要がある．しかし，一見違う方法だと思っても，大概はQC活動から生まれた方法が多い．複雑な現代社会では，水面下での状況を見極めるために"仮説"を養わなければならないといわれている．仮説という言葉は用いていないかもしれないが，QCストーリーでの現状把握，要因

分析，対策立案は，特性要因図や要因系統図等からの仮説の上に成り立っている．もちろん，仮説から設定した要因を検証した上で原因を特定することになるが，"仮説"という言葉は目新しくても，QC活動の中に既に存在している．

結果（目的達成度合い）でプロセスを管理するTQMは，現場・現物・現実でプロセスコントロールを進化させて，目的を達成するために必要な考え方や手法であり，必要と思えば何でも活用すればよい．

(2) 全社活動による意識改革

意識を変えるのはなかなか難しく，一度はQCから離れるとよいかもしれない．やはり危機感がないと手法の評論に終始するおそれがある．そのためには，品質マネジメントシステムは，顧客重視で組織の目的・目標達成のためのプロセスネットワークであることを理解することが必要である．

組織の成長・発展の中で創業者の精神をベースに先人達が築きあげてきた組織の強さ，強さを支える信念，基本的な心構え，それを実行する行動様式を明文化したものを，いくつかの企業では"○○ウェイ"と宣言している．この"○○ウェイ"を全社員が共有し，進化させるために，TQMの教育は全社活動による意識改革に有効である．

(3) 緻密な検討による資料削減

危険なのは，資料の削減は簡単だから，あまり検討しなくてもよいと思うことである．本来はA3用紙1枚の資料をまとめるために，20枚ほど書き直しをすると，資料に明記がなくても相手の多少の疑問にも自信をもって回答でき，相手を納得させることができるといわれている．特に最近では，コンピュータで扱うパワーポイントというソフトがある．最初からパワーポイントでまとめるのではなく，QCストーリーの手順に基づきA3用紙1枚に整理した後，パワーポイントにまとめるとよい．

QCアレルギーをなくすためには，上記の(1)～(3)のようなことが効果的である．一方，ISO 9001の要（かなめ）の内部監査は，従来のTQMを意識しないで，TQMの原点に戻り，技術を伝承するための一つの有効な方法になる．

7.2 ISO 9001 に対する TQM の活用の仕方

ISO 9001 の意図は，要求事項に応えた品質マネジメントシステム，すなわち仕事の流れができていて確実に実行し，問題があれば是正処置・予防処置することである．ISO 9001 では，継続的な改善は組織の永遠の課題として規格の構成そのものが PDCA となっている．ISO 9001 の"9.3 マネジメントレビュー"，"9.1.2 顧客満足"，"9.2 内部監査"，"9.1.3 分析及び評価"，"10.2 不適合及び是正処置"，"10.3 継続的改善"等の意図を踏まえて，掘り下げていけば改善活動につながっていく．この掘下げのレベルは TQM の活用にかかっている．

そこで，各組織の QC 活動のレベルによって異なることになるかもしれないが，ISO 9001 のいくつかの要求事項に対する QC の活用の仕方について次に述べる．

（1） 品質方針

―――――――――――――――――――――――――― ISO 9001 ―

5.2.1 品質方針の確立

　トップマネジメントは，次の事項を満たす品質方針を確立し，実施し，維持しなければならない．

a） 組織の目的及び状況に対して適切であり，組織の戦略的な方向性を支援する．

b） 品質目標の設定のための枠組みを与える．

c） 適用される要求事項を満たすことへのコミットメントを含む．

d） 品質マネジメントシステムの継続的改善へのコミットメントを含む．

既に方針管理的なシステムを運用している組織でも，方針（定性的な方策と目標）に具体性がないと下位職の品質目標の展開において何を実施してよいかわからず，結局結果が出ないことが多い．このような場合，まず実施のための計画と実績を内部監査で確認すれば，手順に決めたとおり実施しても，うまく結果が出ていないこと（問題発見）は容易にわかる．ここでなぜうまく結果が

出ないのかを品質管理などで分析・工夫しないと，いつまでも形だけとなり，成果も出ずにコストはかかるということになる．

また，ISO 9001 導入を機会に方針管理的なやり方を取り入れた組織の品質方針で，"ISO 9001 の導入によって品質マネジメントシステムを構築して顧客の満足を得る" という内容のものがある．このような場合，各論に展開するのはかえって難しく，従業員にとっては日常実施していることとどう結びつくかがわからない．

いずれにしても，まず自分で決めたことを実行し，内部監査などで問題を発見してシステムを改善していくとよい．そのとき，方針管理は組織内のコミュニケーションの手法であり，組織を取り巻く環境，前年までの活動の内容と結果の分析や，組織の理念から中長期的な組織としての方向を想定して，その方向からすると今年は何を実施すべきかの方針を提示するオーソドックスな手法であることを理解した上，分析に当たっては品質管理をはじめ有効な手法を用いて，自社にとって，より有効な方針管理のシステムを整備するとよい．

(2) 顧客関連のプロセス

――― ISO 9001 ―

8.2.2 製品及びサービスに関する要求事項の明確化

顧客に提供する製品及びサービスに関する要求事項を明確にするとき，組織は，次の事項を確実にしなければならない．

a) 次の事項を含む，製品及びサービスの要求事項が定められている．

1) 適用される法令・規制要求事項

2) 組織が必要とみなすもの

b) 組織が，提供する製品及びサービスに関して主張していることを満たすことができる．

8.2.3 製品及びサービスに関する要求事項のレビュー

8.2.3.1 組織は，顧客に提供する製品及びサービスに関する要求事項を満たす能力をもつことを確実にしなければならない．組織は，製品及び

7.2 ISO 9001 に対する TQM の活用の仕方

> サービスを顧客に提供することをコミットメントする前に，次の事項を含め，レビューを行わなければならない．
> **a)** 顧客が規定した要求事項．これには引渡し及び引渡し後の活動に関する要求事項を含む．
> **b)** 顧客が明示してはいないが，指定された用途又は意図された用途が既知である場合，それらの用途に応じた要求事項．
> **c)** 組織が規定した要求事項
> **d)** 製品及びサービスに適用される法令・規制要求事項
> **e)** 以前に提示されたものと異なる，契約又は注文の要求事項
> …(以下，省略)…

製品及びサービスに関する要求事項のレビューというと，何か特別の行為が必要だと考える人が多い．しかし，ISO 9001 の意図するところは，顧客から注文を受ける場合"顧客のニーズは何か"，"そのニーズに対して供給側は技術，価格，納期などの対応能力があるか"を顧客との間で十分にすり合わせた上で，設計・製造などの後工程の作業を指示・開始してほしいということである．

例えば，顧客から短納期の引合いがあり，何とか受注したいために，詳細要求内容が不確定のままで先行手配した．しかし，納入直前に顧客から最終仕様の連絡があり，先行手配の製品は仕様と異なることがわかった．このような場合，おそらく顧客からは仕様変更の費用をもらえず，納期も満足できなくなり，かえって顧客も組織も迷惑する．

"顧客から費用がもらえない"，"顧客の要望に応えられない"のは極めて大きな問題である．売上げを確保するためには，こんなこともあるとあきらめても，顧客の信頼を失ってリピートオーダがなくなり，全く売上げに結びつかなくなるか，取引は継続したとしても，いつもこんなことを繰り返していてはコストアップとなる．

したがって，顧客にも，心証を害さないような配慮をしつつ，手順を踏んだ仕事の進め方をお願いするとして，基本的には地道に原因を究明し，システム

を改善していくべきである．結局，手際のよい顧客との打合せの工夫や，設計・品質確認期間，製造期間の短縮活動が必要になってくる．

(3) 設計管理

──────── ISO 9001 ─

8.3.2 設計・開発の計画

　設計・開発の段階及び管理を決定するに当たって，組織は，次の事項を考慮しなければならない．

a) 設計・開発活動の性質，期間及び複雑さ
b) 要求されるプロセスの段階．これには適用される設計・開発のレビューを含む．
c) 要求される，設計・開発の検証及び妥当性確認活動
d) 設計・開発プロセスに関する責任及び権限

　［以下，e)〜j) 省略］

　設計・開発においては，固有技術について規定しているわけではない．ISO 9001の意図するところは，受注が決定し，いざ設計と品質確認の段階に入る場合"誰が"，"いつまでに"，"何を実施するか"の計画書を作成して，進展に応じてメンテナンスをするのかを明確に定めるべしということである．もちろん関連するグループ間は連携よく活動するようにという意図である．

　設計の工程が混乱して大幅に遅れているにもかかわらず，計画書のメンテナンスが十分行われていなかったり，メンテナンスが実施されていても非常に遅れていれば，おそらく後工程でのリカバリーは大変難しいことが予想される．これは顧客に迷惑をかけることになるし，社内のコストも大幅に増加する大きな問題である．

　したがって，後工程でのリカバリー策の検討は当然であるが，それ以前に食い止めるべく原因を究明して，システムを改善していくべきである．結局のところ，設計・品質確認期間の短縮，技術の標準化や部品の標準化・共通化の活動が必要になってくる．

7.3 今後の内部監査とは

(1) 内部監査は ISO 9001 と TQM の融合の接点

内部監査の基本的なやり方は ISO 19011 がモデルであるが，次に示すように ISO 9001 に基づく審査登録とその維持は，仕事のやり方の 5 S で，内部監査は問題発見の手段でもある．

① ISO 9001 による品質マネジメントシステムの見直しは"仕事のやり方の整理・整頓・清掃"である．
② 内部監査の実施と審査登録の維持は，基本動作の継続につながり，"仕事のやり方の清潔・しつけ"である．
③ 品質マネジメントシステムのレベルを上げるには"内部監査の実効性"を高めることが必要である．
④ そのためには，専門技術と内部監査の技術と TQM の積極的な活用が必要である．
⑤ 内部監査は，ISO 9001 と TQM の融合の接点で，原点でもあり，新しい品質管理の事始めでもある．

米国では，既に TQM を研究して競争力をつけている．EU 諸国でもやはり品質そのものをレベルアップするには，品質管理が必要との認識で，品質管理の教育や研究が盛んになってきたと聞いている．しかし，TQM は，基本動作を継続するという観点からは ISO 9001 と比べて弱い．

したがって，TQM と ISO 9001 を結びつけるには，内部監査の効果的活用が不可欠である．これからの内部監査では，客観的証拠で評価するのが基本なので指摘の現象は文書・記録上で現れることが大半であるが，押印の有無ではなくシステム上何が欠落しているか，常に問題の原因をシステムとして捉え，それが品質方針，品質問題，工程能力にどのように影響しているかを指摘すべきである．その後，是正処置がとられていけば効果的な品質マネジメントシステムとなり，スリム化・フラット組織への移行も説得力が出てくる．

また，コンピュータ化が進んでも人が介在している部分について，プロセス

としてうまく進んでいるかを見る上でも，内部監査はますます必要となる．内部監査の結果，品質マネジメントシステムが定着すれば，その部分を電子化することが以前より容易になるだろう．IT化の時代，ますますシステムが複雑になるかもしれないが，人が介在するところがなくなるわけではない．温故知新で過去も大切に，更なる発展を目指すために内部監査は有効である．

　そのためにも監査技術の研究とスキルアップのための訓練が，今後ますます必要となってくる．

(2) マネジメントシステム監査への移行

　各組織の体制（マネジメントシステム）は，組織の目的・目標を達成するために歴史と経験に基づいて構築されている．マネジメントシステムは，顧客に軸足を置くことが基本であるが，組織を取り巻く環境から地球環境，労働安全衛生等の関連する多岐にわたる側面を考慮して構築し，運用しなければならない．

　一方，審査登録制度では，大半は品質，環境，労働安全衛生，情報セキュリティ等一つひとつの側面でシステムを評価している．

　そこでマネジメントの原則を考慮すると，組織の目的・目標を達成するには，内部監査では一つひとつの側面より総合化した監査が可能になり，有効になるのではないか．

　組織のマネジメントシステムには，その組織の歴史と経験をもとに多岐にわたる側面が考慮されている．世の中の変化に対応していろいろな側面が考慮されていればそこが組織の強みであり，もし考慮されていなければそこが組織の弱みとなる．したがって，組織の強み・弱みを分析し，その関連プロセスネットワークに着目して確認・評価すると，ステークホルダとの共存（マネジメントの原則）が望め，組織の発展に寄与する．

　内部監査の総合化といっても，組織のマネジメントシステムは品質，環境，労働安全衛生等の側面が考慮された一つのシステムなので，そのシステムがマネジメント原則に基づき構築・運営されて組織の目的・目標を達成するのに適切かを各規格の意図で点検する構図と考えればよい．

7.3　今後の内部監査とは

本来は，品質マネジメントシステムの内部監査でも，ISO 14001（JIS Q 14001　環境マネジメントシステム―要求事項及び利用の手引）の規格の意図も考慮して監査しないと意味はない．

ISO 9001 は，法的要求事項についてあまり具体的な要求としては捉えにくい．ISO 9001 の"8.2.2　製品及びサービスに関する要求事項の明確化"，"8.2.3　製品及びサービスに関する要求事項のレビュー"の切り口だけでなく，"7.2　力量"，"8.1　運用の計画及び管理"や"5.3　組織の役割，責任及び権限"の意図としての法的要求事項を考慮して確認・評価するのがよいが，ISO 14001 は，どちらかといえば法的要求事項は具体的にどのようなプロセスを考えなければならないかに着目しやすい．したがって，ISO 9001 でも ISO 14001 の法的要求事項を参考に監査するのがよいのではないか．

ISO 9001 は，品質方針展開の枠組みの記述も少し弱い．ただし，ISO 14001 の意図のとおりシステムを作っても，方針管理の考えがわかっていない組織にとっては形骸的なものになるおそれがある．プロセスの監視・測定は，日常管理が理解できていれば，方針管理との区別も理解できるはずである．

以上のように，組織としては一つのマネジメントシステムでありながら，規格が分かれているために内部監査の位置づけも分かれている場合が多い．しかし，品質・環境両側面総合化タートル図（図7.1）と品質・環境システム直交フロー（図7.2）を頭に描き，変だなという事象から関連プロセスの運用が規格の意図と違いがあるか議論ができれば，マネジメントシステムとしての内部監査に進化していく．そのためにもマネジメントシステムとそれを構成しているプロセスの存在を見えるようにする必要がある．少し研究が必要だが，マネジメントを構成しているプロセスネットワークの"FMEA（故障モード影響解析）"を実施して弱みと対応案を洗い出し，その情報をもとに監査シナリオとチェックシートを作成し，監査に臨むことが考えられる．

168ページの事例は環境側面に着目した内容であるが，マネジメントシステムとして捉えたらどのような監査ができるか考えてみると，マネジメントシステム監査が見えてこないだろうか．

第7章 これからの内部監査

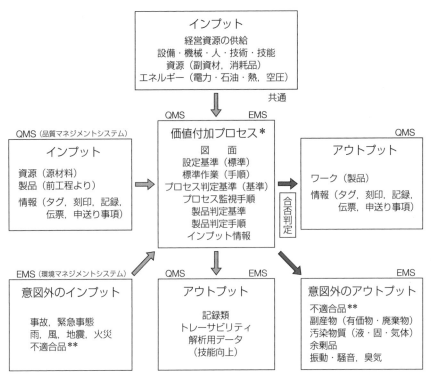

* 価値付加プロセスは，文書だけではなく申し合わせも含まれる．
** 不適合品は，ISO14001の意図をQMSに拡大適用．

図 7.1 品質・環境両側面総合化タートル図

7.3 今後の内部監査とは

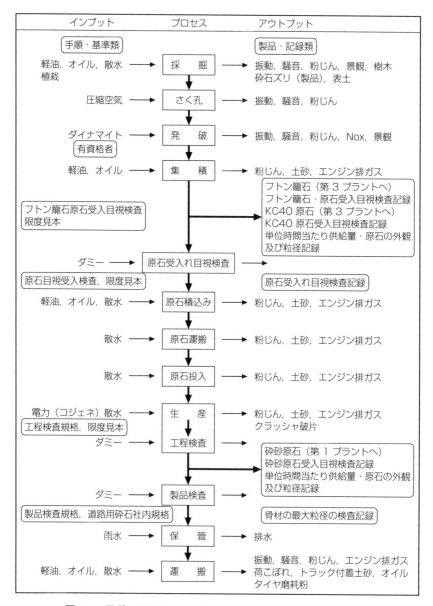

図 7.2 品質・環境システム直交フロー（コンクリート用砕石及び砕砂・道路用砕石の例）

――――――――――――――――――――――――― 事例 ―

地下重油タンクについて"地下タンク油量及び検知管，煤煙点検表"を用いて日常点検を行っている．担当からは週2回は実施する必要があるとの説明があった．しかし，7月以降（7月9日〜8月6日，8月20日〜8月28日）の点検記録は空欄であった．

〈考　察〉

ISO 14001の"9.1　監視，測定，分析及び評価／9.1.1　一般"では，

――――――――――――――――――――――― ISO 14001 ―

9.1　監視，測定，分析及び評価

9.1.1　一般

　組織は，環境パフォーマンスを監視し，測定し，分析し，評価しなければならない．

　組織は，次の事項を決定しなければならない．

a)　監視及び測定が必要な対象

b)　該当する場合には，必ず，妥当な結果を確実にするための，監視，測定，分析及び評価の方法

c)　組織が環境パフォーマンスを評価するための基準及び適切な指標

d)　監視及び測定の実施時期

e)　監視及び測定の結果の，分析及び評価の時期

　組織は，必要に応じて，校正された又は検証された監視機器及び測定機器が使用され，維持されていることを確実にしなければならない．

　組織は，環境パフォーマンス及び環境マネジメントシステムの有効性を評価しなければならない．

　組織は，コミュニケーションプロセスで特定したとおりに，かつ，順守義務による要求に従って，関連する環境パフォーマンス情報について，内部と外部の双方のコミュニケーションを行わなければならない．

　組織は，監視，測定，分析及び評価の結果の証拠として，適切な文書化

した情報を保持しなければならない．

と要求されているにもかかわらず，監視が維持されていないので不適合事項である．

次のようなプロセスネットワークが想定できる．

① 地下タンクの管理→管理状態の監視（監視していなければどこに問題が発生するのか．）
② 設備の運転→製品の生産→搬送タンクへの封入→搬送→引渡し
③ 責任と権限との関連（担当は決まっているのか．）
④ 人材育成のプロセスとの関連（担当の訓練はどうだったか．）
⑤ 法規制の入手と適用のプロセスとの関連（法規制の内容を理解しているのか．）

②では，製品の生産と直交している．③，④，⑤は，品質マネジメントシステムと環境マネジメントシステムとで品質側面か環境側面かの違いはあるが，分離して管理できる要素ではない．

このようなことからすると，品質側面と環境側面を頭に入れた内部監査でないと，マネジメントシステムの監査にはならないということではなかろうか．

おわりに

　顧客の立場からすると，品質が期待どおりであることは当然であるが，受注からモノづくり，出荷，サービスまでのプロセスが見えて実行（透明性）されていると安心できるし，組織にとっても改善のきっかけになる．

　ISO 9001 は，顧客の要求や規制を満たす製品を作り込む能力を実証するときや，品質に関し顧客の満足を実現するためには何をすべきかという観点から，仕事に取り組むときの品質マネジメントシステム（仕事の進め方・管理の仕方）についての規定，すなわち品質マネジメントシステムの具備すべき要件である．

　これは，モノづくりやサービスの基本に忠実に業務を進めている企業にとっては，特に目新しいことではない．したがって，仕事の進め方・管理の仕方を構築し直すまでは必要ないとの見解に立つかもしれないが，伝統的な企業が世間やその企業のお客様を無視しているとしか思えない事件が後を絶たない今，自分の組織にも同じような芽がないだろうか．しっかり仕事をしていることを外部に実証したり，顧客に軸足を置いて仕事に取り組む観点から，内部監査を通じて，現在の仕事の進め方・管理の仕方の問題を見直し，改善の機会とすることは，十分活用に価する．

　国と国の間でも人と人の間でも，それぞれの歴史と経験から考え方が異なる．基本的考え方の共通認識を同じにしなければ，話がうまく進まない．そのグローバルな共通認識が，標準化である．

　標準化には，関係者が現状認識を同じにして，内容が見えるようにするための標準化と，改善活動の結果をまとめてレベルアップを確実なものにするための標準化がある．ISO 9001 は，そのような現状認識やレベルアップさせるための着眼を整理したものである．

ISO 9001 の意図で，問題を発見し，是正や改善後の仕組みの定着化と維持のために内部監査は大変重要である．そして，是正や改善の深さによるレベルアップには，問題解決の品質管理の考え方と手法は不可欠である．

　内部監査で"部品 A のチェックシートで，熱処理の規格値が 210℃～240℃と記載され，記録は 240℃であった．念のために作業標準書を確認したところ，規格値は 210℃～230℃であった"，このような問題が発見されたときに，単に勘違いとして修正するのと，品質管理の考え方で作業標準書とチェックシートの作成プロセス，作業者訓練プロセス等を調査し，なぜこのようなことになったか原因を分析し是正するのとでは，結果は大きく違ってくる．また，不良データと最終データとの相関分析を行い，規格の幅を見直す方法もある．

　このように ISO 9001，審査登録制度と TQM を融合させることが，ISO 9001 を有効に活用するポイントであり，その要が内部監査である．かつて，製造現場での QC サークルは，作業標準の不備な点について QC サークルメンバ自身が原因を究明し，標準を改訂し，そしてその標準を守り，更に守っていく中で，また不備なところを見つけて改善を実施していた．内部監査を活用していくのは，QC サークル活動の考え方と同じである．ISO 9001 を認証取得する活動を進めるに当たっては"間接・直接部門を含めた仕事の 5S"，特に内部監査は問題発見と改善のきっかけをつくり，定着させる要と考えるとよい．さらに，問題解決（品質管理）能力を向上することも不可欠である．

　内部監査を活用して，部分最適の品質マネジメントシステムから全体最適を見つけ，有効な品質マネジメントシステムに進化させるとよい．そのためにも本書を参考に，まずはやってみて，その実施結果で事例研究をして，内部監査技術のスキルアップを図ってほしい．それがとりも直さず品質マネジメントシステムの改革につながる．

　顧客重視で組織の目的・目標を達成するために"結果（目的の達成度合い）でプロセスを管理する"．そのためには，現場・現物・現実での内部監査が有効なのである．

引用・参考文献

1) "ISO 9000 セミナー内部監査技術向上コース"プレゼンテーション用資料（福丸典芳），日本規格協会（非売品）
2) "ISO 9000 セミナー内部監査基礎コーステキスト"(担当講師執筆)，日本規格協会（非売品）
3) JIS Q 9000:2015　品質マネジメントシステム―基本及び用語
4) JIS Q 9001:2015　品質マネジメントシステム―要求事項
5) JIS Q 9004:2010　組織の持続的成功のための運営管理―品質マネジメントアプローチ
6) JIS Q 14001:2015　環境マネジメントシステム―要求事項及び利用の手引
7) ISO 9001 マネジメントシステム審査技術基本ガイドブック，(一社)日本品質管理学会 QMS 有効活用及び審査研究会編，2015 年，日科技連出版社

索　引

【あ行】

ISO　79
ISO 9000　80
ISO 9001　4, 13, 18, 79, 80, 91, 95
　──と TQM の融合　163
ISO 9004　80
ISO 14001　168
ISO 19011　13
SDCA　26, 112
FMEA　165
audience　13
audit　13

【か行】

改善課題　64, 138
　──の例　142
監査　13
　──技術　43
　──基準　13, 99
　──証拠　13
　──報告書　71
観察事項　64, 138
　──の例　141
監督　13
管理図　100
管理体系図　56
規格　79
客観的証拠　46
QC アレルギー　106, 157
QC ストーリー　158
QC センス　156
業務経路図　56

計測管理　112
計測機器管理　112, 114
継続的改善　90
検査　13
工程監査　34, 36
5 S　105, 115
コーチング　15
顧客　90
　──満足　90
コミットメント　21
固有の信頼性　84

【さ行】

satisfaction　90
3 現主義　115
識別　23
事業の強みや弱み　103
使用の信頼性　84
審査登録制度　101, 119
信頼性　87
　──管理　84
　──試験　84
　──設計　84
製品及びサービスに関する要求事項の明確化　160
製品及びサービスに関する要求事項のレビュー　160
製品品質監査　32, 36
是正処置　144, 147, 151
設計・開発の計画　162

【た行】

第一段階登録審査　103

第三者監査　17
第二者監査　17
第二段階登録審査　103
チェックシート　41, 42
チェックリスト　43
TQC　155
TQM　4, 13, 155
　──での監査　25
適用範囲（ISO 9001 の）　80
デミング賞　106
特性要因図　111
特別監査　34, 36
トップ診断　26, 36

【な行】

内部監査　137
　──の形式　40
　──報告書　67
日常管理　26, 32, 107, 112, 153
日本品質管理賞　106

【は行】

パフォーマンス評価　94
PDCA　26, 108
PLP 監査　32, 36
標準化　79
　──監査　34, 36

品質改善　81
品質・環境両側面総合化　165
品質管理　81, 82
品質計画　81
品質方針　159
品質保証　81, 82
　──協定書　95
　──体制　81, 85
品質マニュアル　19, 98
品質マネジメント　81
　──システム　81, 84, 85, 91
不適合事項　64, 138
　──の例　138
フロー図　44, 56
プロセスアプローチ　91
プロセス改善　16
文書化した情報　18
方針管理　26, 27, 107, 108

【ま，よ】

満足　90
要因管理　83
要因系統図　111

【り】

リーダシップ　21
量産立上り監査　33, 36

著者略歴

上月　宏司（こうづき　こうじ）

1939 年　福井県生まれ．
1961 年　福井大学工学部卒業，株式会社小松製作所（現コマツ）入社．
　　　　同社エンジン開発センター，生産本部品質管理課，本社・小山工場品質保証部，
　　　　株式会社コマツ・キャリア・クリエイト常務取締役を歴任．
　　　　この間，デミング賞，日本品質管理賞の受審参画．
2003 年　株式会社ケイ・シー・シー取締役
現　在　株式会社ケイ・シー・シー代表取締役社長

〈委員会活動等〉
1986〜1992 年　ISO/TC 176 国内対策委員
1991〜1992 年　ISO 9001 審査登録制度検討委員会委員
1994 年　JRCA 品質マネジメントシステム主任審査員（A00027）
1997 年　CEAR 環境マネジメントシステム審査員補（A836）
1999 年　日本品質管理学会"品質"誌編集委員
2004 年　品質管理推進功労賞受賞

〈主な著書〉
"社内標準化便覧［第 3 版］"（共著）（日本規格協会）
"失敗しない ISO 9000"（日本経済新聞社）
"新版品質保証ガイドブック"（共著）（日科技連出版社）
"ISO 9001 マネジメントシステム審査技術基本ガイドブック"（共著）（日科技連出版社）
その他，品質管理，QC サークルのための 5 S，ISO 9001，ISO 14001 に関する VTR 監修
（日本経済新聞社）など．

ISO 9001：2015 内部監査の実際 ［第4版］

1997年 1 月23日　第1版第1刷発行
2001年 9 月27日　第2版第1刷発行
2009年 3 月25日　第3版第1刷発行
2016年 4 月20日　第4版第1刷発行
2024年 4 月22日　　　　　第6刷発行

著　　　者　上月　宏司
発　行　者　朝日　　弘
発　行　所　一般財団法人　日本規格協会
　　　　　　〒108-0073　東京都港区三田3丁目13-12　三田MTビル
　　　　　　https://www.jsa.or.jp/
　　　　　　振替　00160-2-195146
製　　　作　日本規格協会ソリューションズ株式会社
印　刷　所　株式会社平文社
製 作 協 力　株式会社大知

© Koji Kozuki, 2016　　　　　　　　　Printed in Japan
ISBN978-4-542-30667-7

● 当会発行図書，海外規格のお求めは，下記をご利用ください．
　JSA Webdesk（オンライン注文）：https://webdesk.jsa.or.jp/
　電話：050-1742-6256　E-mail：csd@jsa.or.jp

図書のご案内

対訳 ISO 9001:2015
（JIS Q 9001:2015）
品質マネジメントの国際規格
［ポケット版］

品質マネジメントシステム規格国内委員会　監修
日本規格協会　編

新書判・454ページ　　定価 5,500 円（本体 5,000 円＋税 10％）

ISO 9001:2015
（JIS Q 9001:2015）
要求事項の解説

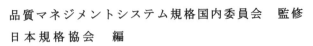

品質マネジメントシステム規格国内委員会　監修
中條武志・棟近雅彦・山田　秀　著

A5判・280ページ　　定価 3,850 円（本体 3,500 円＋税 10％）

【主要目次】
第1部　ISO 9001要求事項　規格の基本的性格
　1. ISO 9001の2015年改訂
　2. ISO 9001の改訂審議
　3. ISO 9001の2015年改訂版の特徴
　4. ISO 9001のこれまでとこれから
第2部　ISO 9000:2015　用語の解説
第3部　ISO 9001:2015　要求事項の解説

日本規格協会　　　https://webdesk.jsa.or.jp/

図書のご案内

対訳 ISO 19011:2018
（JIS Q 19011:2019）
マネジメントシステム監査のための指針
［ポケット版］

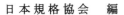

日本規格協会　編
新書判・304ページ　定価 7,480 円（本体 6,800 円＋税 10%）

ISO 19011:2018
（JIS Q 19011:2019）
マネジメントシステム監査 解説と活用方法

福丸典芳　著

A5判・264ページ　定価 4,290 円（本体 3,900 円＋税 10%）

【主要目次】
- 第1章　監査活動の基本
- 第2章　ISO 19011 の解説
- 第3章　効果的な監査プロセスの構築方法と事例
- 第4章　監査の視点
- 第5章　監査プログラムの成熟度レベル評価
- 第6章　監査に関する Q&A

日本規格協会　https://webdesk.jsa.or.jp/

図書のご案内

2015 年版対応
中小企業のための ISO 9001 内部監査指摘ノウハウ集

ISO 9001 内部監査指摘ノウハウ集編集委員会　編
編集委員長　福丸典芳

A5 判・150 ページ
定価 2,640 円（本体 2,400 円＋税 10%）

ISO 9001:2015
プロセスアプローチの教本
実践と監査へのステップ 10

小林久貴　著

A5 判・158 ページ
定価 1,650 円（本体 1,500 円＋税 10%）

徹底排除！
組織に潜む弱点・欠点・形骸化
診断事例で学ぶ
経営に役立つ QMS のつくり方

小林久貴　著

A5 判・246 ページ
定価 2,750 円（本体 2,500 円＋税 10%）

日本規格協会　　https://webdesk.jsa.or.jp/

図書のご案内

2015 年版対応
ISO 9001/14001
内部監査のチェックポイント 222
有効で本質的な
マネジメントシステムへの改善

国府保周　著

A5 判・348 ページ
定価 4,400 円（本体 4,000 円＋税 10％）

ISO 9001/14001
規格要求事項と
審査の落とし穴からの脱出
思い込みと誤解はどこから生まれたか

国府保周　著

A5 判・246 ページ
定価 2,750 円（本体 2,500 円＋税 10％）

ISO 9001:2015/ISO 14001:2015
統合マネジメントシステム
構築ガイド

飛永　隆　著

A5 判・168 ページ
定価 2,420 円（本体 2,200 円＋税 10％）

日本規格協会　　https://webdesk.jsa.or.jp/

図書のご案内

2015 年版対応
活き活き ISO 9001
日常業務から見た有効活用

国府保周　著
新書判・188 ページ　　定価 1,540 円（本体 1,400 円＋税 10％）

ISO 19011:2018 改訂対応
活き活き ISO 内部監査
工夫を導き出すシステムのけん引役

国府保周　著
新書判・210 ページ　　定価 1,540 円（本体 1,400 円＋税 10％）

[2015 年改訂対応]
やさしい ISO 9001（JIS Q 9001）
品質マネジメントシステム入門
[改訂版]

小林久貴　著
A5 判・180 ページ　　定価 1,760 円（本体 1,600 円＋税 10％）

見るみる ISO 9001
イラストとワークブックで要点を理解

深田博史・寺田和正・寺田　博　著
A5 判・120 ページ　　定価 1,100 円（本体 1,000 円＋税 10％）

日本規格協会　　https://webdesk.jsa.or.jp/